河南省优势特色学科建设——"作物学"A类特色学科建设项目资助

U0747545

作物分子标记辅助育种技术及应用

胡海燕　李玉川　著

中国纺织出版社

图书在版编目（CIP）数据

作物分子标记辅助育种技术及应用／胡海燕，李玉川著．--北京：中国纺织出版社，2018.12　（2025.7重印）
　　ISBN 978-7-5180-5794-8

　　Ⅰ．①作…　Ⅱ．①胡…②李…　Ⅲ．①作物—分子标记—遗传育种—研究 Ⅳ．①S33

中国版本图书馆CIP数据核字（2018）第273190号

责任编辑：舒文慧　　责任校对：高　涵　　责任印制：王艳丽

中国纺织出版社出版发行
地址：北京市朝阳区百子湾东里A407号楼　邮政编码：100124
销售电话：010—67004422　传真：010—87155801
http://www.c-textilep.com
中国纺织出版社天猫旗舰店
官方微博http://weibo.com/2119887771
北京虎彩文化传播有限公司印刷　各地新华书店经销
2018年12月第1版　2025年7月第7次印刷
开本：710×1000　1/16　印张：14.25
字数：175千字　定价：45.00元

凡购本书，如有缺页、倒页、脱页，由本社图书营销中心调换

前　言

现代生物技术的发展日新月异，已渗透到作物育种的方方面面。作物分子标记辅助育种作为一种高效的现代分子育种技术，目前被广泛地应用于作物遗传改良和新品种培育，并已取得了一定的进展。1985年美国Kary Mullis发明的聚合酶链反应（PCR）技术，使人们能够从单基因水平上对作物的数量、性状、基因（QTL）进行遗传解析。在此基础上，2003年比利时科学家Peleman和Van der Voort又提出了"分子设计育种"的新方法。据统计，至2012年底，利用不同的分子标记已构建各种作物遗传图4200多张，其中多数为简单序列重复（SSR）图谱，并进行了形态、产量、品质和抗性等性状的QTL定位和效应分析。QTL定位开发的分子标记已开始应用于分子标记辅助选择，提高了主效和QTL的跟踪和利用效率，加快了种质创新和品种选育进程。

本书通过对世界重要农业科技发达国家和地区，包括美国、英国、日本、澳大利亚和欧盟成员国等，及国际农业组织和国际大型农业科技公司在分子标记辅助育种领域的研究计划布局和进展进行调研，并利用汤森路透集团的科学引文索引数据库扩展版和德温特专利创新索引数据库作为数据源，对相关研究论文和专利进行分析，总结了作物分子标记辅助育种相关的进展。

本书在编写过程中，得到了有关人士的大力支持与热情鼓励，在此，一并致以深挚的谢意！同时由于时间仓促，难免存在纰漏之处，恳请广大读者批评指正！

著者

目　录

第一章　绪　论

第一节　分子标记的概念

一、分子标记概念的界定

分子标记的概念有广义和狭义之分。广义的分子标记（molecular marker）是指可遗传的并可检测的 DNA 序列或蛋白质。蛋白质标记包括种子贮藏蛋白和同工酶（指由一个以上基因位点编码的酶的不同分子形式）及等位酶（指由同一基因位点的不同等位基因编码的酶的不同分子形式）。狭义的分子标记概念只是指 DNA 标记，而这个界定现在被广泛采纳。本文中也将分子标记概念限定在 DNA 标记范畴。

二、理想的分子标记的界定

理想的分子标记必须达到以下几个要求：①具有高的多态性；②共显性遗传，即利用分子标记可鉴别二倍体中杂合和纯合基因型；③能明确辨别等位基因；④遍布整个基因组；⑤除特殊位点的标记外，要求分子标记均匀分布于整个基因组；⑥选择中性（即无基因多效性）；⑦检测手段简单、快速（如实验程序易自动化）；⑧开发成本和使用成本尽量低廉；⑨在实验室内和实验空间重复性好（便于数据交换）。但是，目前发现的任何一种分子标记均不能满足以上所有要求。

第二节 分子标记的种类

随着分子生物学技术的发展，现在 DNA 分子标记技术已有数十种，主要包括基于分子杂交的分子标记、基于 PCR 技术的分子标记、基于限制酶酶切和 PCR 技术的 DNA 标记，以及基于 DNA 芯片技术的分子标记，其中目前种类较多、应用广泛的是基于 PCR 技术的分子标记技术。

一、基于分子杂交的分子标记

基于分子杂交的分子标记是利用限制性内切核酸酶酶解及凝胶电泳分离不同的生物 DNA 分子，然后用经标记的特异 DNA 探针与之进行杂交，通过放射自显影或非同位素显色技术来揭示 DNA 的多态性，包括限制性片段长度多态性（restriction fragment length polymorphism，RFLP）和数目可变串联重复多态性（variable number of tandem repeats，VNTR）。

二、基于 PCR 技术的分子标记

基于 PCR 技术的分子标记目前应用较多，其中，随机引物的 PCR 标记，所用引物的核苷酸序列是随机的，其扩增的 DNA 区域事先未知。它包括随机扩增多态性 DNA（randomly amplified polymorphic DNA，RAPD）、任意引物 PCR（arbitrarily primed polymerase chain reaction，AP-PCR）和 DNA 扩增指纹印记（DNA amplification fingerprinting，DAF）。

此外还有特异引物的 PCR 标记，指 PCR 标记所用引物是针对已知序列的 DNA 区段而设计的，具有特定核苷酸序列（通常为 18～24bp），可在常规 PCR 复性温度下进行扩增，对基因组 DNA 的特定区域进行多态性分析。它包括序列标志位点（sequence tagged site，STS）、简单重复序列（simple sequence repeat，SSR）、序列特异性扩增区（sequence-characterized amplified region，SCAR）、单引物扩增反应（single primer amplification reaction，SPAR）、DNA 单链构象多态性（single strand conformation polymorphism，SSCP）和双脱氧化指纹法（dideoxy fingerprints，即 ddF）等。

三、基于限制酶酶切和 PCR 技术的 DNA 标记

包括扩增片段长度多态性（amplified fragment length polymorphism，AFLP）、酶切扩增多态性序列（cleaved amplified polymorphism sequences，即 CAPS）等。

四、基于 DNA 芯片技术的分子标记

单核苷酸多态性（single nucleotide polymorphism，SNP）标记是指同一位点的不同等位基因之间仅有个别核苷酸的差异或只有小的插入、缺失等，SNP 标记可区分两个个体遗传物质的差异，被称为第三代 DNA 分子标记技术。随着 DNA 芯片技术的发展，SNP 标记有望成为最重要、最有效的分子标记技术。

第三节　分子标记技术的应用

随着分子生物学技术的发展，现在 DNA 分子标记技术广泛应用于遗传

育种、基因组作图、基因定位、物种亲缘关系鉴别、基因库构建、基因克隆等方面。

一、遗传多样性分析及种质资源鉴定

遗传多样性反映了不同种群之间或不同个体间的遗传变异。遗传多样性分析为研究物种起源、品种分类、亲本选配和品种保护等提供了科学依据，是收集、保护和有效利用种质资源的技术基础，有利于培育出更优良的品种。分子标记广泛存在于基因组，通过对随机分布于整个基因组的分子标记的多态性进行比较，能够全面评估研究对象的多样性，并揭示其遗传本质。利用遗传多样性的结果可以对物种进行聚类分析，进而了解其系统发育与亲缘关系。分子标记的发展为研究物种亲缘关系和系统分类提供了有力的手段。此外，分子标记技术因其具有较高的多态性，可以更好地应用于种质资源鉴定，是种质资源材料鉴定、种质资源保护的重要手段。

二、遗传图构建和基因定位研究

遗传图是通过遗传重组交换结果进行连锁分析所得到的基因在染色体上相对位置的排列图，是植物遗传育种及分子克隆等应用研究的理论依据和基础。长期以来，各种生物的遗传图几乎都是根据诸如形态、生理和生化等常规标记来构建的，图谱分辨率低，图距大，饱和度低，应用价值有限。分子标记种类多、数量大，遗传图上的新标记将不断增加，密度也将越来越高，完全可以建立起达到预期目标的高密度分子图谱。在高密度图谱下，简单有效的分子标记系统可在基因标记及基因克隆研究中应用。众多实践经验表明，分子标记技术是一个高速、可靠、有效的基因定位方法。

三、基于图位克隆基因

图位克隆（map-based cloning）又称定位克隆（positional cloning），1986年首先由英国的 Coulson 提出，用该方法分离基因是根据目的基因在染色体上的位置进行的，无须预先知道基因的 DNA 顺序，也无须预先知道其表达产物的有关信息，但应有与目标基因紧密连锁的分子标记和用遗传作图将目标基因定位在染色体的特定位置。图位克隆是最为通用的基因识别途径，至少在理论上适用于一切基因。基因组研究提供的高密度遗传图、大尺寸物理图、大片段基因组文库和基因组全序列，已为图位克隆的广泛应用奠定了基础。

四、分子标记辅助育种

传统的育种主要依赖于植株的表现型选择。环境条件、基因间互作、基因型与环境互作等多种因素会影响表型选择效率。分子标记辅助育种（marker assisted selection，即 MAS）既可以通过与目标基因紧密连锁的分子标记在早世代对目的性状进行选择，也可以利用分子标记对轮回亲本的背景进行选择。获得与重要性状基因连锁的标记，有利于植物分子标记辅助育种的进行，可进一步提高植物改良育种的选择效率，提高新品种的选育速度。其中，目标基因的标记筛选是进行 MAS 育种的基础。

第二章　作物数量性状遗传分析方法

小麦数量性状的遗传分析包括建立适宜的作图遗传群体、选择适合作图的 DNA 标记、绘制遗传图和数量性状基因（quantitative trait locus，QTL）定位等基本步骤。俗话说"常规育种靠经验，分子育种靠材料"，这里的"材料"指的是研究数量性状的遗传群体，所以本章先讨论遗传群体的类型及群体质量，然后简单介绍数量性状遗传分析方法。

第一节　遗传群体类型及群体质量

一、遗传群体类型

狭义的遗传群体指由两个纯合的亲本杂交产生的 F_1 衍生而成、包含双亲全部基因型的家系群。这样的群体理论上含有全部纯合或杂合的座位，在亲本中有明确的等位基因。遗传群体培育的基本原则是，不进行任何人为的选择和干预，但实际上由于生殖障碍导致不育、环境胁迫导致死亡和人为因素导致丢失等原因，往往不能得到全部基因型。目前用于图谱构建的遗传群体主要有两类：暂时性群体（temporary population）和永久性群体（permanent population）。暂时性群体包括 F_2 群体及其衍生的 F_3、F_4 家系和回交

（backcross，即 BC）群体；永久性群体包括加倍单倍体（double haploid，即 DH）群体、重组自交系（recombinant inbred line，即 RIL）群体、永久 F_2 群体（immortalized F_2 population，即 IF_2 群体）和近等基因系（near iso-genic lines，即 NIL）等。近几年，基于连锁不平衡（linkage disequilibrium，即 LD）开展的关联作图（association mapping 或 association analysis）可以选用具有遗传多样性的自然群体（natural population），自然群体可以包括生产上的推广品种、新育成品系或种质，显然，自然群体也属于永久性群体的类型。

按照 QTL 作图精度来分，作图群体又可划分为 QTL 初级作图遗传群体（primary mapping population）和 QTL 精细作图遗传群体（secondary mapping population）两类。初级作图群体包括单交组合产生的 F_2 及其衍生的 F_3 和 F_4 家系、BC_1 群体、BC_2F_x 群体、DH 群体、RIL 群体、由 DH 或 RIL 创造的永久 F_2 群体等；由于遗传背景的干扰，这些群体定位的 QTL 置信区间一般都在 10cM（centi-Morgan，厘摩）以上。

QTL 精细作图群体按照其来源可以分为两类：一类是从初级定位群体进一步选择衍生出来的群体，包括近等基因系、残留异质系（residual heterozygou line，即 RHL）和 QTL 近等基因系（QTL isogenic recombinant，即 QIR）；另一类是与数量性状初级定位没有关系的代换群体，包括导入系（introgressive line，即 IL）、单片段代换系（single segment substitution line，即 SSSL）和染色体片段代换系（chromosome segment substitute line，即 CSSL）。QTL 精细作图群体能够去除遗传背景的干扰，实现 QTL 的精细定位。

下面介绍一些常用的作图遗传群体的特点和构建注意事项。

（一）F_2 群体及其衍生的 F_3 家系

F_2 群体即杂种二代群体，来自 F_1 杂种自交产生的株系群。由于雄配子和雌配子来自重组分离的减数分裂，F_2 群体几乎可产生所有可能基因型，能提供最丰富的遗传信息，且具有构建快、技术简单等特点。但 F_2 群体应用方面有很大的局限性：第一，表型鉴定以单株为基础，对于遗传力低的农艺性状的 QTL 检测有较大的影响；第二，是一种暂时性群体，不易长期保存，有性繁殖一代后，群体的遗传结构就会发生变化，难以进行多年多点的重复实验；第三，存在杂合基因型，对于显性标记，将无法识别显性纯合基因型和杂合基因型，会降低作图的精度。所以应用 F_2 群体，只有效应较大和表达较稳定的 QTL 才能检测到。补救的办法是利用 F_2 衍生的 F_3 家系，即所谓的"混合 F_3"方法。具体做法是，从每个 F_2 自交产生的 F_3 个体中混合提取 DNA，分析各个 F_2 植株的基因型。

如果分析每个 F_3 家系中的单个植株，也可构建一张遗传图。对于一个基因座，它的分离比例不再是 $1:2:1$，而是 $3:2:3$（因为在 F_2 中一个杂合座位只有一次机会在 F_3 固定为 2 个），但这样做也会增加工作量并容易造成抽样误差。

（二）BC_1 群体

BC_1（backcross，即 BC_1）也是一种常用的作图群体，由 F_1 与亲本之一回交获得。

BC_1 群体中每一分离的基因座只有两种基因型，它直接反映了 F_1 代配子的分离比例，因而 BC_1 群体的作图效率最高，这是它优于 F_2 群体的地方。但它也与 F_2 群体一样，存在不能长期保存的问题，即只能使用一代，且信息量少。因此，BC_1 群体直接应用于 QTL 作图较少。但在研究某些特殊问题（如杂交不亲和）时就需要利用回交群体。在这些研究中，也可以采用 BC_1 群体内各株系连续自交来产生"永久"的 BC_1Fx 群体。

（三）DH 群体

DH 群体即加倍单倍体，由花药离体培养产生的单倍体植株，经染色体加倍形成（图 2-1）。因此，品系内个体是完全同质的，而且个体的基因型是完全纯合的。DH 群体属于"永久性"群体，可以进行重复试验以减少性状鉴定的试验误差，可以种植于不同环境和不同年份用来研究基因型和环境的互作效应，是研究基因型和环境互作的理想材料。DH 群体的遗传结构直接反映了 F_1 配子中基因的分离和重组，且基因型是纯合的，因此有利于 QTL 的精细定位。但是 DH 群体也存在不足之处，即产生 DH 植株有赖于花培技术，且花培过程可能对不同基因型的花粉产生选择效应，从而破坏群体的遗传结构，造成较严重的偏分离现象。此外，DH 群体重组只来自形成花粉时的一次减数分裂，故重组信息量相对较少，缺少杂合体，只能分析 QTL 的加性效应，不能分析显性效应，这些都会不同程度地影响作图的准确性。

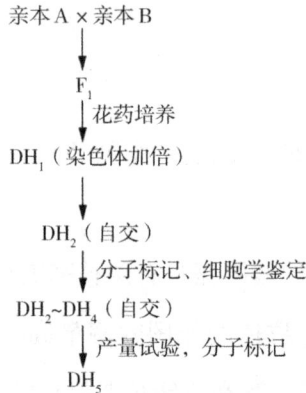

亲本 A × 亲本 B

F_1

花药培养

DH_1（染色体加倍）

DH_2（自交）

分子标记、细胞学鉴定

DH_2~DH_4（自交）

产量试验，分子标记

DH_5

图 2-1　DH 群体构建示意图

（四）重组自交系群体

重组自交系（RIL）群体是由两亲本杂交后产生的 F_1，通过单粒传法（每一代选择一个单株进行自交）连续多代自交产生的永久群体。RIL 群体家系内个体基因型均纯合稳定，而家系间基因型各不相同。与 DH 群体一样，RIL 也可以进行多年多点的重复试验。由于多代自交使染色体的重组概率大大增加，RIL 群体中连锁基因之间的交换得到最充分的表现，因此，应用 RIL 群体有利于将处于同一染色体区段的不同 QTL 分解开，是 QTL 定位和基因型与环境互作研究的理想材料。RIL 群体的局限性在于构建群体需要时间长，而且连续自交过程中容易丢失一些株系，导致偏分离。

（五）近等基因系群体

近等基因系（NIL）群体是通过两亲本杂交后产生的 F_1 与轮回亲本多次回交获得的一组遗传背景相同或相近，只在个别染色体区段上存在差异的株系，称为近等基因系。近等基因系群体是一类特殊的群体，定位目标基因所需分子标记少于其他群体，实际上近等基因系是在相同的遗传背景下，将影响某一性状的多个 QTL 分解成单个孟德尔因子，将数量性状转化为质量性状，消除了遗传背景的干扰，并能消除主效 QTL 对微效 QTL 的掩盖作用，从而可以进行基因的精细定位和目标基因的图位克隆。

（六）DNA 小片段导入系群体

DNA 小片段导入系也称 DNA 小片段渗入系（chromosome segment introgression line，即 CSIL），是由 F_1 杂种与其亲本之一不断回交，将一个品种的染色体小片段渗入到另一个品种的背景中形成的群体。根据育种和研究目的的不同，可采取不同的回交次数。用于育种的 DNA 小片段导入系一般回交 2～3 代，即供体亲本（donor）的 DNA 占受体亲本（vector）的 1.25%～6.25% 的群体易选育出品种。用于 QTL 分析研究的 DNA 小片段导入系可多回交几代，以便获得不同大小的 DNA 小片段导入系群体。

（七）永久 F_2 群体

永久 F_2 群体（IF_2 群体）是将普通的 F_2 分离群体和 RIL 等永久群体两者优势结合起来的特殊群体。IF_2 群体由永久群体中的每个纯合株系按一定组配方案两两杂交获得，既有 F_2 群体信息量大、可以估计显性效应和上位性效应的优点，又具有 RIL 或 DH 等永久群体可以组配出足量的种子满足多年多点试验需要，以取得准确的表型观测值，有利于鉴别紧密连锁的 QTL 标记的特点。

利用永久 F_2 群体可以在多年多点条件下进行作物性状杂种优势的 QTL 分析，这是单独使用 F_2 分离群体和 RIL 等永久群体做不到的。但 IF_2 群体在实施上也有以下困难：

①杂交组合配制工作量大、难度高，很多组合难以得到足够的种子，造成数据缺失；②不同 RIL 或 DH 系的抽穗期很不一致，对于大量配组来说，很难做到完全随机。这些因素会导致构建的永久 F_2 群体往往偏离正常的理论比，从而导致 QTL 位置、效应的估计出现偏差。

（八）精细定位作图群体

精细定位作图群体主要包括近等基因系（NIL）、残留异质系（RHL）、QTL 近等基因系（QIR）、DNA 小片段导入系（CSIL）、单片段代换系（SSSL）和染色体片段代换系（CSSL）。

其中近等基因系 DNA 小片段导入系前面已有介绍，现主要介绍其余 4 种作图群体。

1. 残留异质系

残留异质系（RHL）是在 F_2 连续自交过程中获得的某个或某几个性状保留一个亲本特征，而其他一些位点上保留了另一亲本的特征，并在所研究的性状位点上始终存在分离的一套特殊群体。残留异质系也具有较为一致的遗传背景，可以用于标记辅助选择，但不能估算上位性效应。

2. QTL 近等基因系

QTL 近等基因系（QIR）是首先利用小群体采用初级定位方法完成 QTL 定位，然后利用大群体进行精细定位。大群体中的每个个体在 QTL 位点均发生了一次重组，但在其他区域均一致。尽管 QTL 近等基因系容易构建，并可以获得低于 1cM（centi-Morgam）的分子标记，但 QTL 近等基因系存在背景的干扰，而且不能检测上位性效应。

3. 单片段代换系

单片段代换系（SSSL）类似于近等基因系，也是通过多代回交获得的（图 2-2）。一个理想的单片段代换系应该是，除了目标 QTL 所在的染色体片段完整地来自供体亲本以外，基因组的其他部分与受体亲本完全相同，因此，单片段代换系可用于单个 QTL 的精细定位。但在回交过程中，需要通过初级定位的 QTL 对目标性状进行跟踪辅助选择，工作量较大且较烦琐。

4. 染色体片段代换系

染色体片段代换系（CSSL）与单片段代换系不同，染色体片段代换系是采用多个供体亲本对受体亲本进行连续回交，建立一套覆盖全基因组的、相互重叠的染色体片段代换系，有的也称之为代换系重叠群。

片段的渗入主要是通过遗传重组来实现的。通过回交即可选育出几乎来自供体亲本任意基因组区域的近等基因渗入系。在回交过程中所采用的选择方式可以是多种多样的，选择的最终目标是出现供体亲本单一的纯合的染色体片段，而遗传背景完全是受体亲本的基因型。

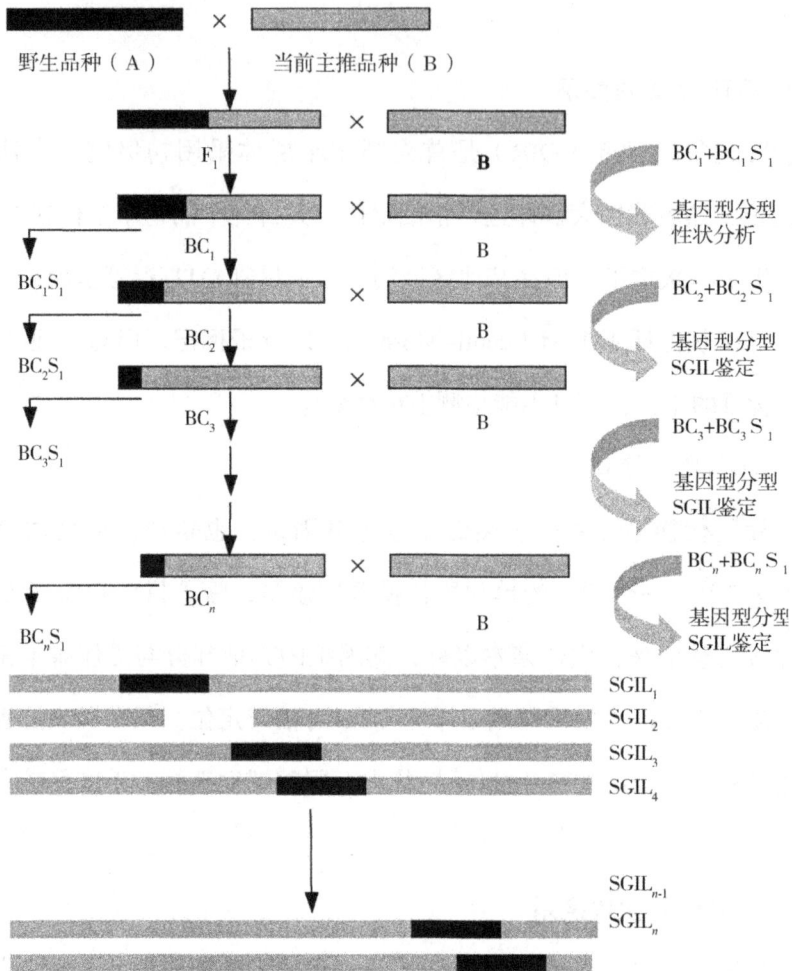

野生品种（A）　　当前主推品种（B）

F_1　　B

BC_1　　B

BC_1S_1　　BC_2　　B

BC_2S_1　　BC_3　　B

BC_3S_1

BC_n　　B

BC_nS_1

$BC_1+BC_1S_1$
基因型分型
性状分析

$BC_2+BC_2S_1$
基因型分型
SGIL鉴定

$BC_3+BC_3S_1$
基因型分型
SGIL鉴定

$BC_n+BC_nS_1$
基因型分型
SGIL鉴定

$SGIL_1$

$SGIL_2$

$SGIL_3$

$SGIL_4$

$SGIL_{n-1}$

$SGIL_n$

图2-2　单片段代换系构建示意图

二、遗传群体构建方法及注意事项

（一）构建方法

不同的遗传群体构建方法不同，但也有许多共同步骤，大多数群体都必须经过两亲本杂交产生 F_1。

1. F_2 群体构建

由 F_1 自交产生，其技术要点是根据研究的性状选择差异大的材料作为亲本，根据所需 F_2 群体的大小决定杂交穗子的数目。F_1 种子种下去收获的每个单株即是 F_2 群体的一个基因型。

2. IF_2 群体构建

将 DH 群体或 RIL 群体的所有家系随机分成两组，每组包含一定数量的家系，从两组家系中各随机选择一个家系组配成一个杂交组合，然后再从剩余的家系中各选出一个家系进行组配，依此类推。通过一轮杂交可组配永久群体家系的 1/2 个杂交组合，经两轮杂交，可获得同全部家系数量相等的杂交组合，形成一套 "IF_2" 群体。每年重复配制相同组合，或一年配制足够量的杂交种，可用于多年多点的 QTL 分析。

3. BC_1 群体构建

杂交产生 F_1，用两亲本之一与 F_1 回交，回交数量一般数十穗至百穗以上，以形成足够大的研究群体。

4. NIL 群体构建

在 BC_1 的基础上连续用相同的亲本回交至少达 F_5 代以上，直至两个近等基因系除目标基因（性状）外，其他基因（性状）基本相同。在 NIL 群体的培育过程中，各代都要根据构建近等基因系的目标性状（如穗子大小、植株高矮、粒重高低、抗病强弱和品质优劣等）选株回交，对目标性状除田间观察外，结合生化标记和 DNA 标记进行性状的鉴定可加快群体的构建进程（图 2-3）。为了节约构建 NIL 群体的成本，我们一般用同一群体分别定向培育 3～4 个性状的近等基因系。

5. RIL 群体构建

构建步骤是 F_1 自交产生 F_2，自 F_2 分离世代随机选择表型差异大的 300

个左右的单株（根据需要可增加），分别编号后种植获得自交 F_3、F_4 等，至少到 F_6 代各株系基本稳定后方可用于数量性状基因定位（图 2-4）。

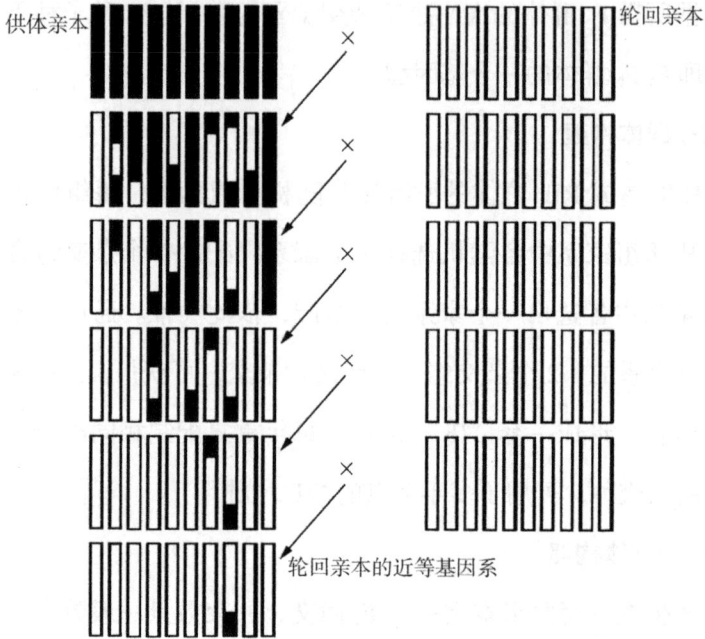

图 2-3　近等基因系（NIL）构建示意图

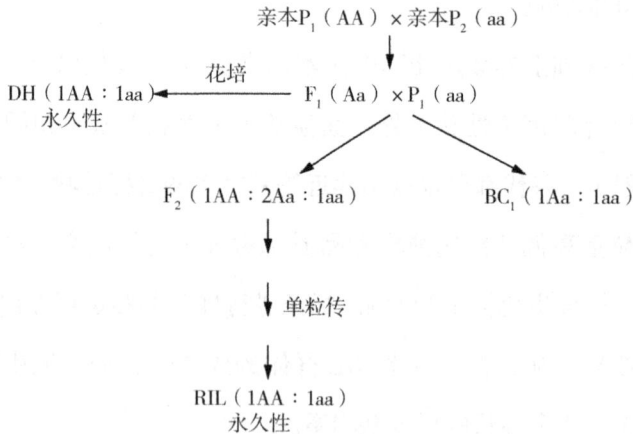

图 2-4　几种主要遗传群体构建关系示意图

值得注意的是，RIL 群体的构建虽然称为"单粒传"法，但每代选单粒播种形成 1 个单株，往往会因种植条件不好丢失某些基因型，甚至使群体的株系数低于 QTL 定位的需求。我们的做法是自 F_2 代起每代选 1 个穗子，种植穗行，后代在穗行中再随机选 1 个穗子，直至 F_6 代后穗行完全稳定方可用于遗传研究。

6. DH 群体构建

来源于杂交 F_1 花药培养形成的单倍体，通过染色体加倍而成。外植体材料常采用大田杂交 F_1 代植株抽穗前的幼穗的花药。取材时期，北方冬麦区一般在幼穗长度达到叶鞘 2/3 处比较合适，黄淮南片麦区幼穗长度要达到近叶耳 1cm 处或幼穗顶端与叶耳齐较为合适。花药长度达到总长度的 2/3 以上，花药呈绿色不透明状，此期正值花粉发育的单核中、晚期。取材时将穗子连倒二叶一起剪下后注意保湿，取回实验室用塑料膜包裹，放入冰箱待用。在无菌操作室内，将选出的穗子剥去倒二叶，剪去旗叶，带叶鞘在 70% 的乙醇中表面消毒 10s，在超净台上去掉叶鞘，用尖镊子剥去穗子的外颖、内颖，夹出花药，放在培养基表面，入无菌培养室内进行脱分化培养（诱导愈伤组织）。暗培养，温度控制在 28～30℃。

花药脱分化培养 30 天后，待愈伤组织长到约小米粒大小时（直径 1～1.5mm），将其转入绿苗分化培养基中，7～15 天后可诱导分化出绿苗。此期培养温度为 23～25℃，光照时数为每天 10h；待分化出的花粉绿苗长到 2～3cm 高时，将其转入壮苗培养基中。绿苗转入壮苗培养基，并放入培养室 1 周后移入冷藏箱越夏（冷藏箱门要透光），温度 6～10℃。在冷藏箱内储存至 10 月下旬，将试管苗取出冰箱，放在室外炼苗 1 周，然后洗去根部培养基，移栽到田间，用弓棚塑料膜覆盖 10 天左右，等试管苗成活后揭去膜露地越冬。

常用的人工加倍的方法有阳畦自然加倍法、秋水仙碱浸泡分蘖节及根部法、混合浸根法、半浸根加倍法等。浸根法和混合浸根法是将植株从田里挖出洗净泥土，在室内将分蘖节及根部浸入 0.04% 秋水仙碱加 1.5% 二甲基亚砜溶液中，在 9～10℃条件下处理 8～24h，然后用水清洗、移栽田间，正常生长抽穗结实后即形成双单倍体群体（图 2-4）。

7. DNA 小片段导入系群体构建

该群体构建同样是由 F_1 杂种发展而来，具体做法是选其亲本之一与 F_1 回交，回交穗子数目是每个 F_1 单株上最好选 1 穗回交（F_1 单株较少时每株也可选 2～3 穗回交），获得 100 个以上的 BC_1F_1 穗，第二年在 BC_1F_1 穗行中随机选 2～3 穗回交形成 BC_2F_1 群体。回交代数根据研究或育种需要而定，一般到 BC_2F_1 为好（当然根据不同研究需要也可做到 BC_3F_1 或 BC_4F_1）。到 BC_2F_1 时供体亲本染色体占受体亲本的 10% 左右，在基因型鉴定中重组率高，在表型选择中也能选到好性状（品种）。BC_2F_1 群体单穗自交一次，产生的 BC_2F_2 即为含有供体亲本基因的导入系群体。群体一般自交到 BC_2F_4 代，即可作为稳定群体进行相关研究。

8. 精细定位作图群体构建

（1）残留异质系 RHL 类似于 RIL 群体的构建，都是由 F_2 连续自交产生的，RHL 群体在选择时可在某个或某几个性状中保留一个亲本的特征，而其他一些位点上保留另一亲本的特征，并在所研究的性状位点上始终存在分离，最后形成一套遗传背景一致的特殊群体。根据所选的性状和调查的结果，该群体可大可小。例如，根据目标，可在 F_3、F_4、F_5 代就开始调查和选择。

（2）QIR 群体是在 QTL 初级定位的基础上，根据定位出性状的主效 QTL 及其两侧的标记，结合性状，通过和亲本之一回交，并通过不同的分子标记进行前景选择和背景选择，最后形成 QIR 群体。例如，根据定位出的抽穗期主效 QTL 两侧标记 *Xbarc*320 和 *Xwmc*215 对每代回交群体进行检测，同时用 200 个分子标记进行遗传背景选择，现已选出 QTL 杂合体。值得注意的是，在背景选择中，每一条染色体臂至少使用一个标记。

（3）SSSL 群体建立类似于 QIR 群体的建立，也需要通过初级定位的 QTL 对目标性状进行跟踪辅助选择，最后形成除了目标 QTL 所在的染色体片段完整地来自供体亲本以外，基因组的其他部分与受体亲本完全相同的群体。

（4）CSSL 群体是根据研究目标，选择多个供体亲本和受体亲本进行杂交，然后连续回交，建立一套覆盖全基因组的、相互重叠的染色体片段代换系。

（二）遗传群体构建的注意事项

用于不同研究目的的遗传群体的构建方法不同，其构建的注意事项也有差异。本文从共性方面谈以下几点。

（1）形成 F_1 的两亲本选择时一定要与研究目的相符。在此前提下，供体亲本（DP）一般用核心种质或不能直接利用的特异材料；受体亲本（RP）则一般选用当地最好的品种（系）。

（2）形成 F_1 的两亲本一定要保证高纯度，在杂交当代选留杂交株上其他穗子的种子低温保存，以备群体建成后繁育使用。轮回亲本每世代都要用套袋自交的种子，切勿出现假杂交种。

（3）除 F_2 群体构建需要做大量的 F_1 杂交穗外，其他群体的初始杂交一般做 1～2 个穗子，一定要选典型单株去雄，去雄彻底，严防自花授粉，出现假杂种。回交 F_1 一般随机做 3～6 个单穗（分别取自不同单株，下同）；BC_1F_1 一般随机做 20 个单穗（株）；BC_2F_1 自交产生的 BC_2F_2 的种子量应达 1kg 以上。

（4）各代做表型鉴定时，F_2（BC_2F_2）和 F_6 代一定用好地，其他世代可用一般地。温室或异地加代一定种植好、收获好，防止株系丢失，特别注意防止因气候或条件不好导致的群体大部分损失或全军覆没。

（5）构建近等基因系、回交群体和 DNA 小片段渗透系等群体时，最好结合 SSR 标记或生化标记鉴定来自供体亲本的特异基因，根据表现型调查和基因型鉴定，加快群体构建过程，提高群体质量。

三、遗传群体质量

对 QTL 作图来说，遗传群体的质量包括群体适用范围、群体的大小、群体的纯合度和群体遗传多样性等方面。

（一）群体的亲本选择

亲本的选择直接与遗传群体的适用范围有关，比如进行粒重的 QTL 定位时，其遗传群体两亲本的籽粒大小一定要有显著差异；进行抗赤霉病 QTL 分析时一定选抗病性有差异的两个亲本杂交；进行品质性状的 QTL 定位时最好选用一个强筋品种和一个弱筋品种，性状差异大的亲本构建的群体才能有较大的遗传多样性，适用于相关性状的 QTL 分析。当然，两个亲本间可能在几个性状上有差异，构建的群体可用于相应性状的遗传分析。亲本的选配一般应从以下三个方面考虑。

（1）亲本间的遗传差异。亲本间的遗传差异既不能过大又不能太小。若差异过大就会抑制杂种染色体之间的配对和重组，导致连锁座位之间的重组率偏低，偏分离现象严重，群体的可信度降低，严重的可导致杂交不育，影响群体的构建；若差异过小，亲本间 DNA 多态性就会比较低，具有多态性的分子标记偏少，定位精度降低。

（2）亲本的纯度。亲本选配时可通过自交纯化保证亲本的纯度。

（3）亲本及其杂种 F_1 进行细胞学鉴定，如果存在相互易位、单体、染色体缺失等异常问题，不宜用其构建分离群体。

（二）群体大小

作图群体大小直接影响到用于该群体进行遗传分析及 QTL 检测的准确性和有效性，特别是对于 QTL 检测的数目、QTL 效应值的估测及 QTL 检测的灵敏度均有很大的影响。徐云碧（1994）指出，LOD 估计值随作图群体样本容量的增加而增加，重组率估值的偏倚随样本容量的增加而减少，QTL 基因型均值和方差估计值偏倚的程度随群体样本容量的增加而减少。Beavis（1998）研究表明，即便是用含有高达 200 个株系的群体进行 QTL 检测，也容易导致假阳性 QTL 的出现。由于构建遗传连锁图及进行相关分离性状的遗传分析和 QTL 检测工作量巨大，构建较大遗传分离群体有一定难度。因此在研究过程中，群体大小最终还是视研究目的而定，用于初级 QTL 作图分析的群体最好不低于 200 个株系，而用于精细 QTL 作图分析的群体则应尽可能大。总之，群体越大，则作图精度越高。但群体太大，不仅增大实验工作量，而且增加费用。因此，确定合适的群体大小是十分必要的。作图群体大小还取决于所用群体的类型，为了保证每种基因型都有可能出现，F_2 就必须有较大的群体，其次为 RIL 群体。总而言之，在分子标记连锁图的构建方面，为了达到彼此相当的作图精度，所需的群体大小的顺序为 F_2>RIL>BC_1 和 DH 群体。

（三）群体的纯合度

如前面所述，为了保证群体的纯合度首先两亲本要高度纯合，配制组合时要防止假杂种出现；其次是对需多代自交的群体来说，自交代数一定要达到群体内各株系高度纯合后方可使用。

第二节 遗传标记类型及其应用

有了遗传群体就可以利用分子标记鉴定群体的基因型，构建分子遗传连锁图。利用分子标记建立遗传图的优点在于：①直接以 DNA 的形式表现；②分布于基因组的标记数量较多；③一些标记的多态性较高；④有些标记具有共显性，遗传信息完整。因此，分子标记在遗传作图中有很重要的地位和应用价值。基因 / QTL 在染色体上的位置可以用遗传标记来确定。遗传标记主要有 4 种，即形态标记、细胞学标记、生化标记和 DNA 分子标记。

一、形态标记

形态标记就是能够直观表述的植物的外部特征，是基因在特定时期内或特定的环境条件下表达所产生的表型性状，目前已被广泛应用于水稻、玉米、大豆、小麦等多种农作物。其中，对小麦的研究，遗传学家常用非整倍体（如单体、缺体、三体、四体、端体等）分析定位和遗传连锁交换定位，可以将目的基因定位于某个染色体或染色体臂上。但由于植物的形态标记数目及多态性非常有限，且有些标记易受基因表达、调控、个体发育等遗传与环境条件的限制或影响，因此，表型上的差异往往不能如实反映基因型的差异，而且分析时间较长，存在很大的局限性。

二、细胞学标记

细胞学标记主要是指染色体核型（如染色体数目、大小、着丝点位置等）和带型，已应用于外源基因的定位。遗传学家为了改良小麦的一些农艺性状，通过远缘杂交、染色体工程等方法将许多优良基因导入到小麦中，然后通过核型和带型分析（C 带型、N 带型等）确定外源染色体及其基因的位置。但标记材料产生困难，某些染色体结构和数目变异的耐受性差，致死率较高，而且标记数量较少，鉴定困难，因而该标记的应用受到限制。

三、生化标记

生化标记是指以基因的表达产物（如酶和蛋白质）为主的一类标记，包括同工酶及储藏蛋白。目前，有 180 多个生化标记已被定位于小麦的染色体上，在外源基因的鉴定和定位上有很好的应用，小麦的高分子质量谷蛋白亚基的带型鉴定就是生化标记的具体应用。

四、DNA 分子标记

随着分子生物学技术的快速发展，利用 DNA 分子中核苷酸序列的变异作为遗传标记成为可能。DNA 分子标记就是以 DNA 的多态性与性状间的连锁关系为基础，能够真实反映性状基因遗传变异的分子标记。Botstein 等 1980 年首次提出了限制性片段长度多态性（RFLP）标记，被视为 DNA 分子标记研究的开端。随着聚合酶链反应（PCR）技术的发展，出现了随机扩增多态性 DNA（RAPD）、扩增片段长度多态性（AFLP）、微卫星标记（SSR）及序列特异性扩增区（SCAR）等标记，这些标记被称为第二代分子标记。后来出现的单核苷酸多态性（SNP）、表达序列标签（EST）等标记是发展的第三代分子标记。近年来，SSR、AFLP、EST、SNP 等标记已广泛应用于遗传图的构建、数量性状基因定位、遗传多样性分析和分子标记辅助育种等领域。

（一）RFLP 标记

该标记技术是利用限制性内切核酸酶酶切基因组 DNA 分子，然后经琼脂糖凝胶电泳分析，用放射性同位素或非同位素标记的探针与之杂交，通过放射自显影或非同位素显色技术揭示 DNA 的等位变异。该标记具有数量丰富、共显性、信息完整、重复性和稳定性好的特点，但是该技术基于 Southern 杂交技术，只能分析基因富含区，而且实验操作过程复杂、检测周期长、费用高，在小麦样品检测中多态性较低。

（二）RAPD 标记

RAPD 标记是采用短的随机核苷酸序列为引物，通过 PCR 反应对基因组随机扩增产生的多态性进行鉴别。该标记具有 DNA 用量少、操作简单的特点，而且一套引物可用于不同生物的基因组分析，检测的多态性高于 RFLP，因此可快速检测大量的遗传多态性。但是该标记为显性标记，不能区分纯合和杂合基因型，提供的信息不完整，稳定性和重复性也较差。因此，不宜用这类标记构建小麦的连锁遗传图，但可以用于基因定位、外源染色体片段检测及品种间的多样性等研究。

（三）AFLP 标记

AFLP 标记是由荷兰科学家 Zabeau 和 Vos 等发展起来的分子标记，结合了 RFLP 和 RAPD 两种分子标记的优点。其基本原理是：用两种不同的内切核酸酶切割基因组 DNA，形成黏性末端，然后将人工合成的双链接头连接到末端上，再用互补的特异引物进行 PCR 扩增，由于不同材料的 DNA 酶切片段存在差异，因此通过聚丙烯酰胺凝胶电泳可产生扩增产物的多态性。该标记具有简单快速、多态性高、稳定性好等优点，可用于种质资源遗传多样性、遗传图构建及基因定位等研究。该标记也是一种显性标记，显示的是 DNA 片段长度多态性，但不能区分 DNA 长度相同而序列不同的片段，因此限制了 AFLP 标记的广泛应用。

（四）SSR 标记

SSR 标记又称为微卫星标记，是以 1～6 个碱基为基本单元的串联重复序列。同一类微卫星 DNA 可分布在基因组的不同位置上。由于基本单元重复次数的变异，形成 SSR 座位的多态性。由于小麦是异源六倍体，基因组较大，其中约 80% 为重复序列，因此，使用 SSR 标记检测更有效，已用于遗传图的构建、QTL 定位、发掘重要 QTL 位点及其基因等研究。该标记为共显性标记，能够区分杂合和纯合体，能提供较完整的遗传信息，而且具有重复性与稳定性好、操作简单等优点，普遍用于禾谷类作物的研究。

（五）EST-SSR 标记

EST 即表达序列标签，是长 300～500bp 的基因表达序列片段。该技术是将 mRNA 反转录成 cDNA 并克隆到载体构建 cDNA 文库，然后随机挑选 cDNA 克隆，再对 5′ 端或 3′ 端进行测序，所获序列与已知的序列比较，从而获得对生物遗传发育、变异、衰老、死亡等一系列过程认识的技术，可代表生物体某种组织某一个时间的一个表达基因。该标记最大的特点就是能够直接标记功能基因，在小麦、水稻、玉米等研究中已有报道。

（六）ISSR 标记

ISSR（inter simple sequence repeat）标记技术的基本原理就是在 SSR 的 5′ 端或 3′ 端加锚 1～4 个嘌呤或嘧啶碱基，然后以此为引物，对两侧具有反向排列 SSR 的一段 DNA 序列进行扩增，经电泳分析谱带的有无及其位置，以此分析不同样品间的多态性。该标记技术操作简单、检测方便、稳定性好，因此已在基因定位、生物多样性、系统发育等研究方面广泛应用。

（七）SCAR 标记

SCAR 标记是 Paran 于 1993 年在 RAPD 技术基础上提出的。其原理是：目标 DNA 经 RAPD 分析以后，可将其从凝胶上回收并克隆，对克隆片段两端测序，设计一对 18 ～ 24 个碱基的特定引物，对基因组 DNA 再进行 PCR 扩增分析；或是根据 RAPD 标记片段的末端序列在原引物的碱基上增加 14 个左右的碱基，成为与原 RAPD 片段末端互补的特异引物。SCAR 标记是由 RAPD 标记转化而来的，引物较长，因此稳定性和重复性比 RAPD 好。

（八）序列标志位点（STS）

STS 引物的获得主要来自 RFLP 单拷贝的探针序列、微卫星序列。根据已知 RFLP 探针两端序列，设计合适引物，进行 PCR 扩增寻找多态性。它的扩增产物是一段长几百 bp 的特异核苷酸序列，此序列在基因组中往往只出现一次，因此能够界定基因组的特异位点。与 RFLP 相比，STS 标记最大的优势是不需要保存探针克隆等活体物质，只需从数据库中调出相关信息，而且标记表现为共显性遗传，很容易在不同组合的遗传图间进行标记的转移，是沟通植物遗传图和物理图的中介，其实用价值很具吸引力。虽然 STS 标记的开发成本较高，但其信息量大、多态性好，是共显性标记，仍旧是一种应用前景非常好的新型分子标记。

（九）多样性微阵列技术（DArT）

DArT 是由 Jaccoud 等开发的一种依赖于基因芯片杂交基础的新型分子标记技术。DArT 技术检测的是基因组 DNA 经限制性内切核酸酶酶切后形成的特异 DNA 片段具有的多态性。其基本原理是将待检测的不同样本的基因组 DNA 等量混合后经相关限制性内切核酸酶处理，根据电泳结果选择回收不同大小的 DNA 片段及一系列 DNA 操作而达到基因组复杂性减少

（complexity reduction）的目的，该部分 DNA 即为基因组代表（genomic representation），并通过相关过程将该部分 DNA 固定到玻片上形成点阵列的芯片。每个点代表不同样本基因组的 DNA 片段，同时也存在仅个别样本中具备的特异性片段。为了检测不同样本之间的遗传差别，DArT 技术需要以不同样本单独经同样内切核酸酶处理所获的基因组代表为探针，并组成相应的探针组合对芯片进行杂交，由于不同样本的基因组 DNA 序列有差异，因而与芯片上同一点序列杂交的效率不一致，芯片上只有与探针 DNA 互补的点才具有杂交信号，通过扫描仪可识别不同颜色杂交信号的强弱或有无来确定待检测样本的遗传差别。在多样性分析中 DArT 表现不同杂交信号强度或有无的点就是一个 DArT 标记（DArT marker），即为基因组代表中的一个多态性片段，可作为新的 DNA 标记用于其他的研究。DArT 技术的步骤包括：使用特定的基因组复杂性降低方法产生基因组代表性片段，构建 DArT 文库，芯片制备，待测样品的制备，待测样品与芯片杂交，信号扫描及数据处理。该技术无须预知研究对象的 DNA 序列信息，标记质量高，自动化程度高，高通量且结果稳定，虽然对 DNA 的纯度要求较高，但其多种优点使得 DArT 技术在遗传连锁图、QTL 定位、种质资源鉴定、进化分析等方面得到应用。

（十）SNP 标记

SNP 被称为第三代遗传标记，是由基因组序列单个核苷酸差异引起的遗传多态性，包括单个碱基的转换、缺失、颠换、插入等变化。一般可通过 DNA 测序或对已知 DNA 序列比对分析鉴定 SNP 的差异。最直接的鉴定方法可通过设计某个特定区域的特异引物进行 PCR 扩增，通过对其产物测序和遗传特征的比较来鉴定 SNP，也可借助 DNA 芯片技术进行大量的 SNP 鉴定。

第三节　数量性状统计和定位方法

小麦许多重要的农艺性状和品质性状（如产量、生育期、抗性、面粉品质等）都是多基因控制的数量性状。传统的数量遗传学无法确定控制性状的 QTL 的数目，无法确定单个 QTL 的遗传效应及它们在染色体上的位置，只能将控制数量性状的多基因看成是一个整体，检测其整体遗传效应和环境效应。尽管在 1923 年 Sax 就提出了用遗传标记检测数量性状位点 QTL 的概念，但 20 世纪 80 年代以前，由于可供使用的遗传标记数目太少，QTL 方面的研究几乎没有什么发展。90 年代以来，由于分子生物学和计算机技术的飞速发展，数量性状遗传研究有了新的方法和统计分析工具，使得人们有能力阐明数量性状遗传的本质、确定其在染色体上的位置及与其他基因的关系，有能力分析单个 QTL 的增效、减效、多效和修饰作用，有能力解析多个 QTL 及 QTL 间的互作效应，包括加性效应和上位性效应等。

一、数量性状定位原理

数量性状定位即 QTL 定位，就是利用数量性状标记基因型和观察表型值之间的连锁分析，通过一定的统计方法，将 QTL 逐一定位到连锁群的相应位置，同时进行遗传效应的估计。当标记和特定性状连锁时，不同标记基因型个体的表型值存在显著差异，而 QTL 分析就是以这些连锁为基础，以此来确定各个数量性状位点在染色体上的位置、效应，以及不同 QTL 间的相关关系。因此，QTL 定位是基于特定假设的遗传模型，是统计学上的一个概念，与数量性状基因本身有本质区别。首先是以标记基因型为依据把作图群体分成两组，然后比较两组间目标性状的差异显著性，由此推断该性状位点与标记位点间的连锁关系。一般步骤为：①构建作图群体；②构建连锁图；③群体数量性状调查和标记基因型的检测；④分析标记基因型和数量性状值之间的关系，明确 QTL 在染色体上的相对位置以及估计其效应值大小。其定位的必要条件为：①高密度的连锁图（标记间平均距离小于 10cM）和相应的统计分析方法；②目标性状在群体中分离明显，呈现连续性变异，要求在选择亲本时尽可能地选择性状表现差异大和亲缘关系较远的材料。

二、数量性状定位方法

分子标记的发展，使数量性状的研究进入了 QTL 定位时代。依赖 QTL 作图的统计模型和方法，可进行 QTL 定位及其效应值的估计。截止到目前，QTL 定位的方法主要有：零区间作图法、单区间作图法、复合区间作图法、基于混合线性模型的复合区间作图、完备区间作图、Bayesian 分析法等。

（一）零区间作图（单标记）

单标记作图是基于加显模型，通过方差分析、回归分析或似然比检验法逐一检测各个分子标记与表型之间的关系，比较不同标记基因型数量性状均值的差异。如果存在显著性差异，说明控制某个数量性状的 QTL 与标记连锁。由于单标记分析法不需要构建完整的分子标记连锁图，因此，早期的 QTL 定位多用这种方法。但该方法存在以下一些缺点：

①不能明确标记与单个 QTL 还是多个 QTL 连锁；②QTL 位点的可能位置没法估计；③降低了 QTL 位点的遗传效应值；④易出现假阳性；⑤所需群体较大，且检测效率较低。因此，需要新的统计模型和方法来满足 QTL 定位研究。

（二）单区间作图

针对单标记分析法存在的问题，一些学者提出了基于两个相邻标记的区间作图法。

初期的 Jensen 模型方法适用于分析 DH 群体，可以估计异常分离，但该模型只考虑了一对标记的情况；于是，Knapp 等于 1990 年提出了适用于不同群体类型的模型，但这些模型也仅考虑了一对标记位点。Lander 和 Botstein（1989）以正态混合分布的最大似然函数和简单回归模型，借助于完整的分子标记连锁图，计算基因组的任一相邻标记之间的任一位置上存在或不存在的 QTL 的似然函数比值的对数（LOD 值），根据整个染色体上各点处的 LOD 值可以描绘出一个 QTL 在该染色体上存在与否的似然图谱。当 LOD 值超过某一给定的临界值时，QTL 的可能位置可用 LOD 支持区间表示出来。该方法不仅可以从支持区间内判断 QTL 的可能位置，而且能使 QTL 检测所需群体个数减少。1992 年 Haley 和 Knott 及 Martinez 和 Curnow 提出了区间作图的简单回归分析方法。在相互独立且服从正态分布的情况下，回归分析法和最大似然比检验存在以下关系：似然比检验统计量 =pMSR/MSE=pFregression。线性回归法可以获得与最大似然法近似的结果，而计算量却大大减少，因而简单回归法由于其简便易用而被广泛接受。

但该标记在实际运用时也存在一些缺点：定位的 QTL 区间太宽，当一个性状在同一条染色体上存在多个 QTL 时，即 QTL 连锁时常影响检测结果甚至出现错误，使 QTL 的位置或效应值估计出现较大偏差，而且每次检测仅用 2 个标记，其他标记的信息未能充分利用，影响最终的定位结果。

（三）复合区间作图

为了使 QTL 定位更加准确以克服区间作图存在的缺陷，Zeng 等提出将多元回归分析与区间作图结合起来，实现可利用多个分子标记信息对多个区间进行 QTL 定位检测，即复合区间作图。复合区间作图与单区间作图的主要不同就是在极大似然分析中应用了多元回归模型，使一个被检标记区间内任一点上的检测在统计上都不受该区间外的 QTL 的影响。该法的要点是利用类似区间作图法获得各个参数的最大似然比，绘制似然图谱，从而得到 QTL 的可能位置和标记区间，从而增加了 QTL 作图的精度。

复合区间作图的方法有以下几个主要优点：①采用 QTL 似然图来显示 QTL 的可能位置及显著程度，保留了区间作图法的优点；②一次只检验一个区间；③假如不存在上位性和 QTL 与环境互作，QTL 的位置和效应的估计是渐近无偏的；④充分利用了整个基因组的标记信息；⑤以所选择的多个标记为条件，在较大程度上控制了背景遗传效应，提高了作图的精度和效率。

但该方法也存在一些缺陷：①不能分析上位性及 QTL 与环境互作等复杂的遗传学问题；②运算速度慢，尤其是在用迭代法来选择阈值时更慢。吴为人等（1997）给出了基于最小二乘估计的复合区间作图法，该方法在计算上比基于最大似然估计的方法简单和快速。

（四）混合线性模型的复合区间作图

鉴于复合区间作图法存在的不足，朱军等（1998 年）将加性效应、显性效应、上位性效应及其与环境互作的效应都考虑在模型中，提出了混合线性模型复合区间作图法。该方法的遗传假设是数量性状受多基因控制，它将群体平均值、QTL 的各项遗传主效应（包括加性效应、显性效应和上位性效应）作为固定效应，而把环境效应、QTL 与环境互作效应、分子标记效应及其与环境的互作效应以及残差作为随机效应，将效应估计和定位分析结合起来，进行多环境下的联合 QTL 定位分析，提高了作图的精度和效率。用混合线性模型的方法进行 QTL 定位，能无偏地分析 QTL 与环境的互作效应，具有很大的灵活性，模型扩展非常方便。基于混合线性模型的复合区间作图方法，可以扩展到分析具有加 × 加、加 × 显、显 × 显上位性的各项遗传主效应及其与环境互作效应的 QTL。利用这些效应估计值，可预测基于 QTL 主效应的普通杂种优势和基于 QTL 与环境互作效应的互作杂种优势，并可直接估算个体的育种值，依据育种值的高低选择优良个体，提高遗传改良效率。因而，基于混合线性模型的复合区间作图方法应用前景较好。目前，利用该方法已定位了许多有关产量和品质性状的主要 QTL 位点。

（五）完备区间作图

复合区间作图是近十多年来广泛应用的一种 QTL 定位方法，但在算法上有一些缺陷，致使 QTL 效应可能会被侧链标记区间之外的标记变量吸收，同时不同的背景标记选择方法对作图结果的影响较大，并且难以推广到上位性互作 QTL 的定位。针对这些问题，王建康等（2009）提出了完备区间作图法（inclusive composite interval mapping，即 ICIM）。

该方法包含三个步骤：首先利用所有标记的信息，通过逐步回归选择重要的标记变量并估计其效应，其次利用逐步回归得到的线性模型校正表型数据，最后利用校正后的数据进行全基因组的一维和二维扫描。该作图策略简化了复合区间作图中控制背景遗传变异的过程。此法抽样误差较低，作图效率较高；当有 QTL 位点存在时，其 LOD 值较高，反之，则 LOD 值接近于 0，而且还可以分析上位性作图中加性效应 QTL 之间的互作。

完备区间作图法主要优点有：①较低的抽样误差；②作图效率较高，有 QTL 的区域会有显著高的 LOD 值，没有 QTL 的区域的 LOD 值接近于 0；③对作图参数有着很好的稳定性；④容易进行上位性作图，在上位性作图时，不仅可以检测到有加性效应 QTL 间的互作，而且还可以检测到没有明显加性效应的 QTL 之间的互作。但也存在定位出上位性位点过多、难以进行选择的缺点。

第四节　QTL 定位研究进展和展望

一、QTL 分析方法

经典的数量遗传学建立在多基因假说基础上，把控制数量性状的基因作为一个整体，重点研究各种遗传效应与遗传方差的分解和估计。分子标记连锁图的出现，可以像研究质量性状基因一样研究数量性状基因，也可以把单个 QTL 定位在染色体上，并估计其遗传效应，这一过程称为 QTL 作图。

控制数量性状的基因在基因组中的位置称为数量性状基因座。利用分子标记进行遗传连锁分析，可以检测出 QTL，即 QTL 定位（QTL mapping）。QTL 的定位必须使用遗传标记，人们通过寻找遗传标记和数量性状之间的联系，将一个或多个 QTL 定位到位于同一染色体的遗传标记旁，即标记和 QTL 是连锁的。

QTL 定位就是采用类似单基因定位的方法将 QTL 定位在遗传图上，确定 QTL 与遗传标记间的距离（以重组率表示）。根据标记数目的不同，可分为单标记、双标记和多标记几种方法。根据统计分析方法的不同，可分为方差与均值分析法、回归及相关分析法、矩估计及最大似然法等。根据标记区间数可分为零区间作图、单区间作图和多区间作图。

此外，还有将不同方法结合的综合分析方法，如 QTL 复合区间作图（CIM）、多区间作图（MIM）、多 QTL 作图和多性状作图（MTM）等。

二、QTL 定位研究进展

分子标记已在玉米、大豆、鸡、猪等动植物育种和生产中有许多应用研究，主要集中在基因定位、辅助育种、疾病治疗等方面的应用研究工作上，并取得了一些应用成果。当前植物 QTL 研究的发展主要体现在以下几个方面。

（一）作物 QTL 定位概况

分子数量遗传学的发展赋予了作物育种新的活力。数量性状可剖分为若干离散的孟德尔因子所决定的组分，确定其在染色体上的位置及与其他基因的关系。近年来作物 QTL 定位获得了较大进展。据不完全统计，截至 2012 年年底，利用不同分子标记构建的作物遗传图达 4200 多张（多数为 SSR 图谱），涉及形态、产量、品质、抗性等性状。

QTL 定位涉及的作物包括：粮食作物（水稻、玉米、豆类、小麦等）；经济作物（油菜、大麻、向日葵等）；蔬菜作物（番茄、萝卜、黄瓜、白菜、菊芋、刀豆、芜菁、莴笋、黄花、辣椒等）；果类（苹果、桃、杏、核桃、李子、樱桃、草莓等，野生果类如酸梨、野杏、山樱桃等）；还有一些饲料作物（如紫云英等）。其中，粮食作物的 QTL 定位占到 60% 以上。目前小麦的遗传图约 180 张，多为 SSR 图谱，涉及形态、产量、品质、抗性等性状。

（二）QTL 定位的分子标记发展

近 30 年来分子标记技术得到了快速发展，目前 DNA 分子标记已达四大类几十种，而新的分子标记方法不断出现，除过去和现在常用的 RFLP、RAPD、AFLP 和 SSR 标记外，近几年应用的相关序列扩增多态性（sequence-related amplified polymorphism，SRAP）以其多态性高、非等位检测、样品信息量大、操作简便、重复稳定、可靠性高和费用低等优点，广泛应用于作物的数量遗传学研究。Jaccoud 等 2001 年开发了一种新的分子标记技术，即多样性微阵列技术（diversity arrays technology，即 DArT），该技术具有高通量、不需已知序列、自动化程度高等特点，已经被广泛应用于小麦遗传图的构建和基因定位研究。单核苷酸多态性（SNP）是任何生物基因组中最多和最普遍的多态性形式，在构建高密度遗传图、精细定位目标基因和基因克隆等方面，SNP 比微卫星标记（SSR）和其他重复序列更有价值。SNP 检测与分析技术的飞速发展，特别是与 DNA 微阵列和芯片技术相结合，使其迅速成为继 RFLP 和 SSR 之后最有前途的第三代分子标记。此外，多种技术结合起来，可得到更全面、更丰富的差异片段，从而在植物基因差异表达、新基因发现、抗逆性分子机理研究等方面发挥更大的作用。

（三）QTL 定位方法的发展

用于 QTL 定位的遗传群体多种多样，用于分子标记的遗传作图群体一般分为两类：一类为暂时性分离群体，包括 F_2 群体、BC 等；另一类为加倍单倍体（doubled haploid，即 DH）和重组自交系（recombinant inbred line，即 RIL）等永久性分离群体，这类群体的遗传背景复杂，一般认为定位的精确度有限，在 10 ～ 30cM 的区间内。在作物改良中，育种家需要利用最优的等位基因来培育优良品种，而上述群体只能对来源于两亲本的不同等位基因进行评价。近年来提出的基于连锁不平衡（linkage disequilibrium，即 LD）原理的关联分析法（association analysis），把自然群体或自交系品种用于 QTL 定位研究，也可找到控制重要农艺性状的基因，并发现优异等位变异。连锁不平衡指的是不同遗传标记间存在的非随机组合现象。座位间的遗传是使连锁不平衡在群体中得以长期保持的主要机制，通过测定标记位点与潜在的 QTL 之间的连锁不平衡程度即可断定 QTL 所在的位置，因此有着更高的作图精度，其优点还在于不需建立分离群体，相对节省时间。

（四）植物 QTL 的动态研究

数量性状过去一般集中于 DNA 层次的研究，最近将数量性状定位（quantitative trait locus，即 QTL）和基因表达分析联合运用，基因的表达水平也被作为一种数量性状而用于 QTL 定位，产生了遗传基因组学或基因表达数量性状定位（expression QTL，即 eQTL）。eQTL 不是对 QTL 研究领域的简单扩展，而是着重于控制复杂性状的基因间互作、基因调控网络和代谢途径的研究，为研究复杂数量性状的分子机理和构建调控网络提供了全新的手段。采用这种策略有利于选择最佳的候选基因用于构建遗传调控网络，目前遗传基因组学的应用领域已扩展到玉米、拟南芥等植物之中。

目前，进行 QTL 定位的性状诸如数量、质量性状等都是该性状个体发育的最终表现，QTL 的解析只能了解性状的累积效应，而不同发育时期 QTL 的表达情况、作用模式及效应则不易了解。作物性状的表达是连续的，在性状的发育过程中不同的 QTL 有着不同的表达特征，因此必须从动态的角度定位 QTL。QTL 动态分析揭示了不同发育阶段可能有不同的 QTL 起作用，将性状的发育和分子数量遗传学进行了有机的结合。

三、QTL 定位的应用展望

近年来作物 QTL 的研究发展很快，但是 QTL 定位方法在作物有效新基因源的挖掘、农作物遗传育种应用等方面还有待于发挥更大的作用。只有在 QTL 定位的应用和基础理论方面，加强深入、细致的研究，才能够全面认识和利用植物数量性状基因，服务于育种实践，加快育种进程。

（一）应用 QTL 鉴定及克隆目的基因

尽管人们对作物数量性状的研究已有很长一段时间，近年来有关 QTL 的报道也相当多，但大部分研究都只停留在 QTL 初级定位的水平上，人们对于数量性状的分子基础仍缺乏了解。QTL 的克隆被认为是 21 世纪生命科学的一大挑战，目前已克隆或精细定位的 QTL 均为主效或效应较大的 QTL，这是因为图位克隆周期长、工作量大，效应大的 QTL 往往优先被深入研究，而且数量性状受环境影响较大，微效 QTL 的遗传效应易被环境效应所掩盖，导致基因型和表型不能准确对应，影响定位的准确性。随着技术的发展，如高通量 SNP 分析技术的利用，将有更多的重要作物主效 QTL 和微效 QTL 被精细定位或克隆。对于没有进行基因组测序或序列资源很少的作物来说，可以通过 QTL 比较作图的方法，利用与模式植物中的 QTL 同源区域的序列信息确定候选基因。

（二）应用 QTL 研究互作及基因调控网络

数量性状是由一系列基因组成的基因调控网络来控制的。研究的深入目标是识别控制复杂性状的基因和代谢途径，阐明生物系统的发育和功能。动态 QTL 分析及突变体策略的应用增加了能检验的 QTL 数量。此外，数量性状的复杂性不仅在于其受多基因控制，还包括基因间的互作，即上位性效应。目前对 QTL 互作的系统检测主要依赖于相关分析软件的统计分析，其真实性还有赖于通过建立近等基因系等手段进一步检验，eQTL 分析技术则为上位性检测及基因调控网络的建立开辟了新的途径。

（三）应用 QTL 提高育种效率

植物 QTL 研究的重要目标是运用分子标记辅助选择来提高育种效率。利用分子标记辅助选择将更为高效，育种目标更明确。分子标记辅助选择未能大规模运用的原因一方面在于植物数量性状的遗传基础并未被充分理解，另一方面是利用分子标记技术同时聚合多个基因工作量巨大，限制了该技术的应用。因此，研究设计高效的 QTL 定位方法势在必行，只有这样，才能够全面认识和利用植物数量性状基因。随着植物功能基因组学及分子生物学技术的发展，新标记、新方法的利用，将使得 QTL 服务于育种实践，加快育种进程。

（四）应用 QTL 提高育种水平

现代作物育种对农业和国民经济的发展有很大促进作用，据统计，新中国成立以来，我国作物品种更换了 5～6 次，平均单产增长了 7 倍，育种对粮食增产的贡献率占 35%～40%。但是，近 10 年来世界范围的粮食供应由相对过剩变为相对紧张，我国的粮食供应则由相对平衡变为结构性不足。因此，提高育种水平，培育更高产的作物新品种是保障世界粮油安全和经济社会高速发展的重大需求。面对常规育种主要依赖表型选择，而育种效率低、分子标记辅助选择育种很难直接用于数量性状辅助选择、转基因育种对于由多基因控制的大多数重要农艺性状尚无法发挥其优势的困境，2003 年比利时科学家 Peleman 和 Vander Voort 提出了分子设计育种（breeding by design）的概念，即以生物信息学为平台，以基因组学和蛋白质组学的数据库为基础，综合作物育种学流程中的作物遗传、生理生化和生物统计等学科的有用信息，根据具体作物的育种目标和生长环境，先设计最佳方案，然后开展作物育种试验的分子育种方法。分子设计育种的内容包括筛选多态性标记、构建标记连锁图、评价数量性状的表现型和 QTL分析、获得含有特定性状 QTL 的育种元件、育种元件的组装及田间选育等过程。与其他育种方法相比，作物分子设计育种首先在计算机上模拟实施，考虑的因素更多、更周全，因而所选用的亲本组合、选择途径等更有效，更能满足育种的需要，可以极大地提高育种效率，培育产量更高、品质更好、抗性更强的超级作物新品种。

第三章　分子标记辅助育种的概念及其研究进展

第一节　分子标记辅助育种的概念和特点

分子标记辅助育种是一种利用与目标基因紧密连锁的分子标记，在杂交后代中鉴别和跟踪不同个体的基因型，显著提高选择准确性和育种效率的育种方法。因为分子标记育种必须与常规育种的田间选育相结合，所以又称为分子标记辅助选择（marker-assisted selection，即 MAS）。

近十几年迅速发展起来的生物技术和生物信息技术使分子标记育种已接近实用阶段，比起先前的表型标记和生理生化标记，分子标记有以下突出特点：①标记类型多、数量大，几乎没有数量限制；②不受环境、发育阶段和复杂基因相互作用的影响；③可用于基因的显性或隐性效应分析；④可方便地评价、分析和阐明基因的作用。

第二节　分子标记辅助育种的重要性

由分子标记育种的概念和特点可知，分子标记育种是在育种群体里对个体基因型的直接选择，在育种手段和方法上给作物育种带来了一场革命，这是吸引众多的作物遗传育种家致力于该方面研究的主要原因。归纳起来，分子标记辅助育种的主要作用有以下几方面。

（1）对育种材料特别是骨干亲本优异性状的遗传基础进行分子鉴定。通过分子鉴定了解骨干亲本含有的特异基因，分析这些基因传递与性状表达的关系，为配制易出品种的优势组合奠定基础。

（2）对表型测量在技术上难度很大或费用很高的质量性状进行分子标记检测，以节约时间、降低成本。例如，黄淮麦区小麦锈病、白粉病、赤霉病等主要病害，虽然都受寡基因控制，但由于致病生理小种多、变异快，大田控制费工费时，且不易准确鉴定。而分子标记辅助选择不仅效率高，且可同时进行多个抗病基因 / QTL 的鉴定。

（3）对表现型只能在生长发育后期才能调查的性状进行分子标记辅助选择。例如，小麦的单株成穗数、穗粒数和落黄性等产量性状；籽粒硬度、面团稳定时间和面包体积等品质性状都必须在小麦接近成熟或收获后才能测定，而对这些性状的基因 / QTL 检测在苗期就可进行。

（4）对某些隐性或遗传力低的性状进行分子标记辅助选择，例如，品种单位面积的成穗数对产量结构来说非常重要，但遗传力较低，用分子标记辅助方法在 F_1 和 F_2 代就可对高成穗数进行选择，在早期保留尽量多的高分蘖成穗率株系，以便在后代选育出高成穗率品种。

（5）对控制同一数量性状的多个位点进行分子标记检测。多基因控制的数量性状由于表型和基因型之间缺乏明确的对应关系，单个基因的分子标记（尽管是功能标记）或 QTL（尽管为效应值很高的主效 QTL）都很难在育种中有实际应用，但某个性状多个基因位点的有利基因的共同标记或聚合，对分子标记辅助选择还是比较可行的。

（6）对生产上主推的优良品种进行优异基因的鉴定分析。生产上推广面积很大的主推品种一般都有优良的农艺性状，该类品种的遗传基础如何、是哪些基因的作用或聚合作用导致了优良的表型性状，用分子标记进行多位点（或多基因）检测鉴定，不仅可以对该类品种成功选育进行总结，而且能为该类品种作为优异基因供体培育更高产品种提供参考。

总之，传统的常规育种是通过田间表现型进行基因型的选择，其盲目性和随机性不可避免。因此，育种家为了选育综合性状优良的个体，往往都是大量配置组合（较大的课题组一般每年配置 1000 个以上），海量种植选择世代群体（每个课题组一般需要几公顷土地），尽量多地选留株系（担心好材料丢失，组合或株系都存在难取舍的问题），所以导致工作量大，育种效率低。据统计，大多数常规育种组选育出品种的组合与杂交组合的比率只有千分之一，形成品种的株系与各代选择株系的比例只有百万分之一，大大浪费了人力、物力。而分子标记育种，利用目标基因可追踪的特点可直接对基因型进行选择，在组合配置、F_1 选留及其后代种植规模上，都会根据目标基因 / QTL 的有无或聚合情况预先设计和具体实施。因此，分子标记辅助育种可大大提高育种效率，加快育种进程，一般可节省 50%左右的人力、物力，缩短 1～2 年的育种年限。

第三节　小麦分子标记辅助育种研究进展

分子标记在育种中的重要作用和技术优势，使其在近十几年内发展迅速，澳大利亚、美国、加拿大、墨西哥（国际玉米小麦改良中心）、阿根廷、英国、法国、土耳其、中国和印度等国家都开展了小麦标记辅助育种工作，并取得了重要进展。早在 1996 年，澳大利亚就开始了"国家小麦分子标记项目"（NWMMP），并于 2001 年结合大麦作物，发展成"澳大利亚冬季作物分子标记项目"（AWCMP）。这些项目涉及 20 种不同的性状（包括抗病性、抗虫性和品质性状），其中利用标记辅助选择筛选到一个控制蒸腾效率的 QTL；利用 MAS 反向选择了不受欢迎的面粉黄度基因；利用 MAS 筛选出来一系列抗锈基因，用来进行品种改良和资源发展。在澳大利亚南部，一个辅助选择的成功例子就是利用 MAS 结合 DH 技术将有利的抗锈病和品质性状由小麦品种"Annuello"转入到一个农艺性状优良但易感病的品系"Stylet"中，在 5 年内就育成了一个由"Stylet"衍生出的有商业价值的品系，如果利用常规育种大约需要 12 年时间才会育成。这个例子充分证明了，利用分子标记筛选可减少开支和时间。同时，在 BC_1F_1 群体中选择，可大大加快遗传进度。

在美国，一个题为"将基因组学带入小麦育种田"、涉及 12 个小麦遗传和育种团队的项目于 2001 年启动，并组织了一个小麦分子标记辅助选择团队（http://maswheat.ucdavis.edu）。这个项目持续 4 年时间，后来发展成了题为"小麦协同农业工程"的"应用小麦基因组学"。"将基因组学带入小麦育种田"的目标是利用 MABC 将 27 个不同的抗病虫基因，以及 20 个控制面包和意大利面食的优良品质基因转入约 180 个适合在美国大面积种植的品系中。这需要涉及 3000 个以上的 MAS 回交，从而产生大约 240 个回交衍生系，以及 45 个 MAS 衍生品系。目前，通过 MAS 已育成了一批有商业价值的品种。加州大学戴维斯分校利用 MAS 育成了第一个品种"Patwin"（硬白春麦），成功导入抗条锈基因 *Yr17* 和抗叶锈基因 *Lr7*。另一个通过 MAS 育成的品种"Lassik"（硬红春麦），成功导入了 *Glu-A11*、*Glu-D15+10*、*GPCB17Yr36* 和 *Lr37/Yr17/Sr38* 基因，分别控制面筋筋力、高籽粒蛋白含量和抗锈病。同样，携带基因 *H25* 的软白春麦品种"Cataldo"、

携带 *Gpc-B1* 基因和抗条锈基因 *Yr36* 的品种 "Farnum" （WA7975）、携带抗叶锈基因 *Lr19* 和抗秆锈基因 *Sr25* 的硬粒小麦品种 "UC1113-Lr19-Sr25" 也都是通过标记辅助选择育成的。

在国际玉米小麦改良中心（CIMMYT），与 25 个分别控制抗虫性蛋白质质量和农艺性状的基因连锁的标记正应用于小麦标记辅助选择育种，以改良小麦品种。最新消息，至少 20 个携带 *Rht*、*Ppd*、*Vrn* 以及抗一系列病菌基因的标记正在被 CIMMYT 用来测试杂交，以转移、聚合基因。2009 年，有 25000～30000 个植株被测试，产生了 75000 个数据点。一个重要的育种程序也包括通过聚合几个主要基因（如 *Sr25+Sr26*；*Sr25+IAlR*）培育秆锈病抗性。

在加拿大，研究人员启动了一个 "将分子标记技术结合到传统育种程序" 的重要项目，发现了与一些重要农艺性状，如抗病性（锈病、黑穗病、腥黑穗、赤霉病）、抗虫性（小麦吸浆虫）、磨粉和烘焙品质（面团筋力）、淀粉特性，以及穗发芽连锁的分子标记。随后，这些标记被用来转移优良性状以培育新品种。其中有些基因通过 MAS 进行跟踪，包括：*Fhb1*，*Fhb2*（赤霉病），*Lr34/Yr18*（叶锈病），*Sr30*，*Sr24*，*Lr24*（秆锈病），*Bt10*（腥黑穗），*GPC-B1*（籽粒蛋白含量），*Sm-1*（小麦吸浆虫），*Utdl*（散黑穗病）。利用 MAS 已经育成了两个小麦品种：携带高蛋白含量基因 *GPC-B1* 的新品种 "Lillian"；具有开花期抗蚊基因 *Sm1* 的新品种 "Goodeve"。

欧盟地区针对欧盟发展有机和低投入农业等的需求，开展了分子标记辅助育种相关的研究，如欧盟第五、六、七框架计划分别资助了包括小麦等若干粮食作物在内的分子标记及其辅助育种项目，在利用 MAS 技术开发具有较高营养利用效率的作物品种、改善作物品质、调节开花期以提高育种效率方面取得了重要进展。一个较大的团队每年有 10 万个以上的标记试验，可见分子标记辅助选择已成为品种选育的重要手段。

我国的分子标记辅助育种开展较晚，但近十几年进展迅速。"十五"到"十二五"期间，我国"863"计划、"973"计划、国家科技攻关项目、科技支撑计划、国家自然科学基金等科技计划，都支持了多项目涉及分子标记辅助选择育种的研究工作，如"863"重点项目"植物分子与细胞高效育种技术与品种创制"、973 项目"小麦高产优质品种设计和选育的应用基础研究"和"小麦基因组育种"等专项。在开展小麦体细胞杂种优质基因分子标记辅助育种研究时，获得了小麦的优质高分子质量谷蛋白新亚基 *lBx13* 基因的分子标记，并用于体细胞杂种株系及其杂交和回交后代的标记辅助育种，获得了优质、高产、抗病的新品系。中国农科院作物所构建了中国小麦核心种质库，利用分子标记对亲本进行分类。由中国科学院主持、山东农业大学等单位参加的"'973'项目小麦高产优质品种设计和选育的应用基础研究"，在我国小麦分子育种方面取得了标志性进展。项目组在遗传图的构建和主要产量、品质性状的 QTL 基因定位的基础上，利用多种生物技术和新方法进行了新的分子标记开发。5 年来，一共开发出 33 个新的分子标记，涉及小麦的产量、株型、抗病性、品质等性状，其中大部分标记在新品种和育种元件培育中获得了应用。在分子标记辅助选择应用中，本项目还评价了 101 个（含开发的 33 个）小麦抗病、品质和发育性状的分子标记，用于提高分子标记辅助选择（MAS）的有效性，为科学地利用分子标记提供依据。

从实用性上来看，被评价的 101 个标记可分为 3 类。①可用于 MAS 的标记 51 个，占供试标记的 50.5％，如 *Pm21D/Pm21E*、*WE173F/WE173R* 等。这些标记稳定、有效，可直接用于 MAS 育种。②可作为 MAS 参考的标记 28 个，占供试标记的 27.7％，如 *Xcfd81-5DF/Xcfd81-5DR*、*pm4A/bFm4a/bR* 等。对于这类标记可用不同遗传背景的亲本与对照品种杂交，观察不同遗传背景下携带标记多态性的后代表现型，从而进一步验证标记的有效性。③不能用于 MAS 的标记 22 个，占供试标记的 21.8％，如 *Whs3501F/Whs35R*、*Whs3501F/Whs350S* 等，需要继续寻找与目标基因更加紧密连锁的标记。在评价和应用分子标记有效性的基础上，创制和完善了选择含有优异等位基因 / QTL 的育种元件配制组合，将基因 / QTL 聚合程度和杂种优势强弱作为 F_1 和 F_2 的保留依据，在 F_3 ～ F_5 系谱选择中进行基因 / QTL 跟踪的分子标记辅助选择育种技术体系。利用该技术体系结合常规育种方法选育出通过国家、省市级审定的新品种 31 个。其中国审小麦新品种 "山农 20" 在抗病方面聚合了 6 个抗白粉病基因（*Pm12*、*Pm24*、*Pm30*、*Pm31*、*Pm35* 和 *Pm36*）、6 个抗条锈病基因（*Yr5*、*Yr9*、*Yr15*、*Yr24*、*Yr26* 和 *YrTp1*）、2 个抗叶锈病基因（*Lr21* 和 *Lr26*）和 1 个抗纹枯病基因（*Sesl*）；在产量和品质方面含有春化基因（*vrn-A1*、*vrn-D1*、*vrn-B3*）、抗穗发芽基因（*Vp183c*）、矮秆基因（*Rht8*），以及对根系长度、分蘖数和穗粒数有正向效应的 *qTaLRO-B1*、*QMtw5D-1* 和 *QGNs2B-2* 等主效 QTL 位点。所以 "山农 20" 在国家区试抗病性鉴定表现出白粉病免疫、条锈病免疫等良好的抗病特性，2012 年第一年种植就经受住多种病害大发生的考验，创造出实打亩产 767.8 kg 的山东省高产创建第一名的纪录，实现了基础研究成果直接为品种选育服务的目标。

农艺性状和产量性状的分子标记辅助育种是当前小麦遗传改良研究的热点，无论是从分子标记辅助的科研项目，还是从发表的相关论文和专利上来看，数量都呈现上升的趋势，研究论文从 2000 年的 98 篇增加到 2009 年的 267 篇；而截至 2011 年 1 月，有关分子标记辅助育种的相关专利达

3020 件。到 2012 年已克隆了 30 多个品质、农艺和抗病性状的基因，开发了 97 个在育种方面可利用的功能分子标记（下表），这些分子标记结合常规育种可选育出一批高产优质小麦新品种。

小麦育种可利用的功能分子标记（Liu et al，2012）

性状 Trait	位点数 Locus number	标记数 Marker number	等位基因变异数 Allele number
品质性状 Quality trait	18	58	72
农艺性状 Agronomic trait	11	25	21
抗病性状 Disease resistance	2	14	9
总计 Total	31	97	102

第四章　分子标记辅助选择育种的技术路线

第一节　分子标记辅助选择育种的目标性状

理论上讲，常规育种中必须选择的产量、品质、抗病、株型和生理等性状，都可作为分子标记辅助选择的目标性状，这些性状可分为质量性状和数量性状两大类。

一、质量性状

质量性状是由单基因或一个主效基因和少数微效基因共同控制的性状。质量性状的表现型与基因型之间通常存在着清晰区分的对应关系。因此，对典型的质量性状（如小麦的叶耳色），可以用常规方法选择，而不需借助分子标记。但对表型测量比较困难和复杂的性状（如小麦的白粉病）或作物生长后期才能调查的性状（如小麦株高），就可以实施分子标记辅助选择，以便在实验室内考种时或田间播种前早期选择。

质量性状可用相应的标记对目标基因进行直接选择，通常称为前景选择（foreground selection）。对目标基因选择的可靠性主要取决于目标基因与标记间连锁的紧密程度，连锁越紧密，分子标记的正确率越高。对目标基因的分子标记选择可用一个标记（单侧标记）或目标基因两侧相邻的两个标记跟踪选择，分别称为单标记选择和双标记选择，同样情况下，双标记选择的正确率远远大于单标记选择。

在育种过程中，特别是在对小麦骨干亲本或主推品种进行遗传基础鉴定时，除对一些主要目标基因进行选择外，还常常对除目标基因外的基因组其他部分进行选择。对基因组中除了目标基因之外的遗传背景的选择称为背景选择（background selection）。背景选择的对象几乎包括了整个基因组，因此涉及一个全基因组选择的问题。近二十年来，通过分子连锁图的构建，当各个个体覆盖全基因组的所有标记的基因型都已知时，就可以推测各个标记座位上等位基因来自哪个亲本，由此可以推测出该植株中所有染色体的组成。近几年开发的 DArT 标记和 SNP 检测，则摆脱了必须用杂交衍生的遗传群体的限制，可在自然群体间对单个品种（系）进行遗传背景的全面分析鉴定，由此开发的分子标记将对分子标记辅助育种带来实质性的促进。

二、数量性状

小麦单位面积产量、单位面积成穗数、穗粒数及千粒重等产量性状，面包、面条、馒头等加工品质性状都是由多基因控制的，这类由多个基因控制的性状称为数量性状。数量性状的主要遗传特点是表现型与基因型之间缺乏清晰的对应关系，且易受环境的影响。小麦数量性状在田间条件下的选择准确度差，因此，人们更希望用分子标记辅助选择来提高这类性状的选择效率，特别是实现某性状的多个基因 / QTL 聚合，培育单个性状突出的育种材料，或用分子标记辅助选择的方法，实现多个优良性状优势等位基因聚合，培育超级小麦新品种（superior variety）。

然而，小麦数量性状的分子标记辅助选择并不像质量性状的辅助选择那样简单，目前，数量性状分子标记辅助选择存在的主要有以下几个方面的问题。

（1）由于数量性状是多基因控制的，单个基因/QTL标记（尽管有些为功能标记）并不能对该类性状进行有效的鉴别和区分。例如，Su等（2011）参考水稻的粒重（GWZ）基因在小麦中克隆了一个同源基因 TaGWZ-6A，并开发了理想的共显性CAPS标记，其产生的167bp和218bp两种DNA片段，分别对应高粒重（Hap-6A-A）和低粒重（Hap-6A-G）两种等位基因变异。韩利明利用 TaGWZ-6A 位点的这两个标记，分析了21个国家的小麦品种745份，肯定了 TaGWZ-6A 为千粒重辅助选择的有效位点。但用此位点的两个单倍型标记进行千粒重辅助选择时则发现，两个单倍型标记与高粒重和低粒重的对应关系与前面2人报道相反，即 Hap-6A-G 对应高粒重而 Hap-6A-G 对应低粒重，而且用一个含有134个家系的RIL群体进行了标记鉴定，33个家系含有167bp片段，千粒重范围在 39.91 ～ 65.12g 之间，101个家系含有218bp片段，千粒重范围在 40.1 ～ 73.40g 之间，尽管两组家系的粒重平均值分别为 52.70g 和 60.79g，仍达到极显著水平，说明在统计学上这个位点确实可用于粒重的分子标记选择。但在株系选育中，含有小粒重标记的株系千粒重最高也可达 65.12g，而含有大粒重标记的株系千粒重最低只有 40.12g，这说明小麦的千粒重确实是一个多基因/QTL控制的性状，仅用一个位点的分子标记选择不可能像质量性状那样把高粒重和低粒重的株系明显区分。

（2）尽管到目前为止大约构建了几十个小麦分子遗传图，但还没有哪个图谱能把全部QTL/基因精确定位出来。因此，还无法对某个数量性状进行全面的分子标记辅助检测。

（3）同一数量性状的多个QTL/基因之间，还存在着普遍的上位效应，不同数量性状间也可能存在着复杂的遗传关系，这些都给数量性状的分子标记带来很大难度。

数量性状的分子标记辅助育种尽管目前还存在着很多问题，但由于数量性状特别重要，其常规育种选择的盲目性更应该加强该方面的研究和应用。针对分子标记育种效率低的问题，Bemacchi 等实施了高代回交同时进行 QTL 分析的 AB–QTL 策略；Li 等提出了在 BC_2 或 BC_3 代进行高强度选择后构建导入系，同时开展 QTL 研究和高效分子标记辅助育种工作；Podic 等提出了 MYG 策略，认为在 QTL 定位过程中，应充分考虑育种群体的具体情况，Heffner、Cavanagh 等提出了全基因组选择技术（genome–wide comparative diversity），从 SNP 水平上全面开发更多的性状标记，用全基因组标记来准确估计育种值，从而提高育种效率，加快育种进程，解决多基因控制的低遗传力性状改良问题。

在小麦品种培育过程中，各世代需要选择的性状很多，这些性状都可以利用分子标记辅助选择的方法，以提高选择准确度。目前质量性状的分子标记已有成功的例子，数量性状的选择尽管还有些困难，但这些性状更需要分子标记辅助选择。就像"综合性状"是一个生产大面积品种的基本条件一样，在育种过程中能实际应用也是分子标记辅助育种的基本条件，不宜过分区别选择的是质量性状还是数量性状。近十几年，在遗传群体构建和 QTL 定位等有关分子标记辅助选择研究基础上，紧密结合大田常规育种的实际要求，开展小麦分子标记辅助选择的工作。

第二节　含有 QTL 优异等位基因的分子育种元件的创制及其应用

2003 年，比利时科学家 Peleman 和 van der Voort 提出了分子设计育种

（breeding by design）的技术体系，其主要内容包括三部分：定位相关农艺性状的 QTL，评价这些位点的等位性变异和开展分子设计育种。其品种设计的育种元件主要是指基于 QTL 功能分析创造的 QTL 渗入系和近等基因系。但育种元件的确切概念和怎样开展品种设计，Peleman 等并没讲清楚。在完成"973"课题（编号：2009CB118301，高产小麦的分子改良及超高产小麦育种元件创制）过程中，首先明确了品种设计育种元件的三个标准：①遗传基础清晰，含有某个（些）性状的主效基因 / QTL；②有可用的分子标记跟踪这些基因 / QTL 的传递和聚合；③在育种中对性状的改良有显著的作用。按照小麦分子育种元件的三条标准，借助十几年开展 QTL 分析的结果，运用 IciMapping 软件创造了一批主要性状的分子育种元件，其主要技术路线明确 QTL 加性效应正负值的含义、判断 QTL 有利基因的来源、育种元件的创制和获得育种元件的分子标记及应用四个方面。

一、明确 QTL 加性效应正负值的含义

（1）在用 IciMapping 软件进行前，首先需要确定作图群体 2 个亲本的代号，常用 P_1 和 P_2 表示。例如，以亲本"花培 3 号"×"豫麦 57"衍生的小麦 DH 群体，即把"花培 3 号"记作 P_1，"豫麦 57"记作 P_2。

（2）每个 QTL 的加性效应（A^a）的正负号都是针对 P_1 的，当加性效应为正值时，说明该 QTL 的加性效应来自 P_1，即 P_1 对性状起正向作用；当加性效应为负时，说明该 QTL 的加性效应来自 P_2，即 P_2 对性状起正向作用，而 P_1 的效应为负方向。

二、判断 QTL 有利基因的来源

确定每个 QTL 上有利等位基因的来源是把作图结果应用于分子育种元

件创制的前提。QTL 作图中常用 1、2 和 0 记载群体所有个体的 QTL 的基因型：1 表示同亲本 P_1 的标记型，2 表示同亲本 P_2 的标记型，0 表示杂合型的标记型（DH 群体无杂合型）。

以亲本"花培 3 号"和"豫麦 57"衍生的小麦 DH 群体进行小麦籽粒硬度的 QTL 分析为例，亲本"花培 3 号"和"豫麦 57"的平均籽粒硬度指数分别为 54.97 和 25.81，QTL 作图时分别用 1 表示"花培 3 号"的标记型，2 表示"豫麦 57"的标记型。当某个 QTL（例如 *QhdlBb*）加性效应值（A 值）为正时（表 4-1），说明"花培 3 号"携带的等位基因起到增加硬度的作用，"豫麦 57"携带的等位基因则起到降低硬度的作用；反之，如果某个 QTL（例如 *QhdlBa*）加性效应值为负值时，说明"豫麦 57"携带的等位基因起到增加硬度的作用。

表 4-1　基于 DH 群体的籽粒硬度的 QTL 定位结果

性状 Trait	QTL	标记区间 Flanking marker	位置 Site/cM	加性效应[①] （A）	贡献率[②] （H^2）/%
硬度 HD	*QhdlBa*	*XGWM582-XGPW7388*	50.7	−7.5933	7.51
	QhdlBb	*XWMC766-XSWES98*	129.3	4.4118	0.33
	Qhd4B	*XWMC48-XBARC1096*	18.3	−4.4475	6.43
	Qhd5A	*XBARC358.2-XGWM186*	47.3	4.0207	4.34
	Qhd6A	*XGWM459-XGWM334*	38.8	3.4650	2.36

①加性效应，正值表示增加性状值的等位基因来自"花培 3 号"，负值表示增加性状值的等位基因来自"豫麦 57"；

②加性 QTL 所能解释的表型变异率。

5 个被检测到的控制籽粒硬度的 QTL 中有 2 个为负的加性效应，说明这 2 个 QTL 增加籽粒硬度的等位基因来源于亲本"豫麦 57"，其他 3 个 QTL 上增加籽粒硬度的等位基因来源于"花培 3 号"。育种中高籽粒硬度一般来说是理想性状，因此在利用籽粒硬度 QTL 作图结果开展单标记或区间标记辅助选择时，*QhdlBa*、*Qhd4B* 应该选择"豫麦 57"的标记类型，其他 QTL 应该选择亲本"花培 3 号"的标记类型，这样才能选择到所有增加籽粒硬度的等位基因。

三、育种元件的创制

当利用 Icimapping 进行 QTL 定位完成后，如何进行聚合了所有优异 QTL 的极端个体（育种元件）的选择？

以亲本"花培 3 号"和"豫麦 57"衍生的小麦 DH 群体的株高性状为例进行说明。

（1）首先运行 IciMapping 软件进行 QTL 定位，定位结果从 .qic 文件得知（表 4-2）。

在 DH 群体中，QTL 位点有 2 种可能的基因型，分别用 QQ、qq 表示，QQ 表示来自亲本 1（P_1）的基因型，qq 表示来自亲本 2（P_2）的基因型。由表 4-2 可知，定位出 3 个 QTL，QPH2 来源于亲本 1，QPH1、QPH3 来源于亲本 2，所以聚合了优势等位基因的极端个体的 QTL/ 基因型应该为 qq QQ qq。

表 4-2　QTL 分析结果（从 .qic 文件可知）

QTL	染色体 Chromosome	位置 Site/cM	左端标记 Left marker	右端标记 Right marker	LOD	贡献率 （PVE）/%	加性效应 （A）
QPH1	7	138	Xwmc264	Xcfa2193	3.0638	8.9647	4.7687
QPH2	11	18	Xwmc657	Xwmc48	3.2882	7.2647	−4.2824
QPH3	12	0	Xbarc334	Kwmc331	4.7481	10.4666	5.1535

（2）DH 群体所有个体的 QTL 基因型在表 4-3 中列出（前 20 个家系）。参考 QTL 分析结果（表 4-2）知道优势极端个体的基因型后，从 .gtp 后缀文档中如株高 .gtp 直接找出含有所有优势位点的个体，该个体即为优势极端个体。所以这个 EstValue 较高、聚合了优势基因（基因型应该为 qq QQ qq）的个体（家系）就是我们需要的育种元件。

表4-3 DH群体所有育家系（本表只列出前20个家系的部分QTL基因型）的QTL基因型（.gtp文件）

家系	观测值	预测值	第一个位点QQ的概率 P(QQ)_01	第一个位点qq的概率 P(qq)_01	基因型	第二个位点QQ的概率 P(QQ)_02	第二个位点qq的概率 P(qq)_02	基因型	第三个位点QQ的概率 P(QQ)_03	第三个位点qq的概率 P(qq)_03	基因型
1	73.00	3.90	1.00	0.00	QQ	0.00	1.00	qq	0.00	1.00	qq
2	68.00	-4.67	0.61	0.39	QQ	1.00	0.00	QQ	0.00	1.00	qq
3	83.00	5.64	1.00	0.00	QQ	1.00	0.00	QQ	1.00	0.00	QQ
4	95.00	14.20	1.00	0.00	QQ	1.00	0.00	QQ	1.00	0.00	QQ
5	65.00	-4.67	0.57	0.43	QQ	1.00	0.00	QQ	0.00	1.00	qq
6	85.00	3.90	0.54	0.46	QQ	0.00	1.00	qq	0.00	1.00	qq
7	78.00	-5.64	0.00	1.00	qq	0.07	0.93	qq	0.00	1.00	qq
8	65.00	-5.64	0.00	1.00	qq	0.00	1.00	qq	0.00	1.00	qq
9	53.00	-14.20	0.25	0.75	qq	1.00	0.00	QQ	1.00	0.00	QQ
10	45.00	-14.20	0.00	1.00	qq	1.00	0.00	QQ	0.00	1.00	qq
11	60.00	-14.20	0.00	1.00	qq	1.00	0.00	QQ	0.00	1.00	qq
12	95.00	4.67	0.00	1.00	QQ	0.05	0.95	qq	1.00	0.00	QQ
13	79.00	3.90	0.64	0.36	qq	0.09	0.91	qq	0.00	1.00	qq
14	60.00	-5.64	0.40	0.60	QQ	0.18	0.82	qq	0.00	1.00	qq
15	85.00	5.64	1.00	0.00	QQ	1.00	0.00	QQ	1.00	0.00	QQ
16	86.00	3.90	0.55	0.45	QQ	0.00	1.00	QQ	0.00	1.00	qq
17	60.00	-14.20	0.33	0.67	qq	1.00	0.00	qq	0.00	1.00	qq
18	66.00	-14.20	0.00	1.00	qq	1.00	0.00	QQ	0.00	1.00	qq
19	50.00	-4.67	1.00	0.00	QQ	1.00	0.00	qq	0.00	1.00	qq
20	45.00	-4.67	1.00	0.00	QQ	1.00	0.00	QQ	0.00	1.00	qq

四、获得育种元件的分子标记及应用

育种元件创制好后，首先通过以下几个步骤获得该育种元件的有效标记。

（1）在 .qic 文件中可以得到 QTL 的位置，以及两端 marker。

（2）在原始文件中（.qtl）有 marker 位点的位置情况，根据 QTL 左右 marker 的距离，可以确定用哪种方法对群体进行检测。如果 QTL 靠近一端 marker，可以用该 marker 进行该 QTL 的分子进行检测。如果 QTL 在两个 marker 中间位置，则用两个 marker 对 QTL 进行检测。

（3）应用举例：以亲本"花培 3 号"和"豫麦 57"衍生的小麦 DH 群体的抽穗期为例。

①通过定位结果找出控制抽穗期 *QDH1* 的所在位置，以及两端的 marker。*QDH1* 位置为第 5 连锁群 97cM 处，两端 marker 分别为 *Xwmc445.2*、*Xgwm111*。

②通过查找遗传图中 QTL 两端 marker 的位置，得到 Xwmc445.2 在 89.6cM 处、*Xgwm111* 在 98cM 处，可以确定 *QHD1*（97cM）的位置比较靠近 *Xgwm111*（98cM），即 *Xgwm111* 的引物为 *QDH1* 的分子标记（图 4-1）。

③选择含有利基因较多的育种元件（家系）作为亲本与其他材料进行杂交，用 *Xgwm111* 的引物在后代群体进行 *QHD1* 的辅助选择，确定各株系是否含有该 QTL，用于分子标记辅助育种。

Xgwm558	64.4
Xbarc815	68.3
Xwmc491	68.8
Xcfa2243	49.3
Xbarc24.5	71.7
Xgwm448	73.8
Xwmc455	81.1
Xgwm515	182.9
Ch5	
Xgwm210	8
Xwmc382.2	3
Xwmc489.1	4.6
Xcwm5	4.9
Xwmc651	5.9
Xbarc288	47.7
Xwmc771	55.5
Xwmc177	65.2
Xbarc272	67.1
Xbarc1114	72
Xwmc175	74.8
Xgwm388	75.1
Xbarc181	77
Xwmc55	84.6
Xbarc129.1	88.6
Xwmc317	88.9
Xwmc445.2	89.6
Xgwm111	98
Xgwm14-68	136
Ch6	
Xgwm261	8
Xwmc112	8.9
Xcfd53	1.6
Xwmc18	47.8
Xwmc178.2	62.4
Xgwm524	67.3
Xcfd168	69.5
Xbarc349.2	78.8
Xbarc349.1	82.8
Xcfd161	187.9
Xgem311.2	114.1
Xbarc129.2	115.2

第5连锁群

89 ← Xwmc89.6

91

93

95

97 ← Xgwm111

99

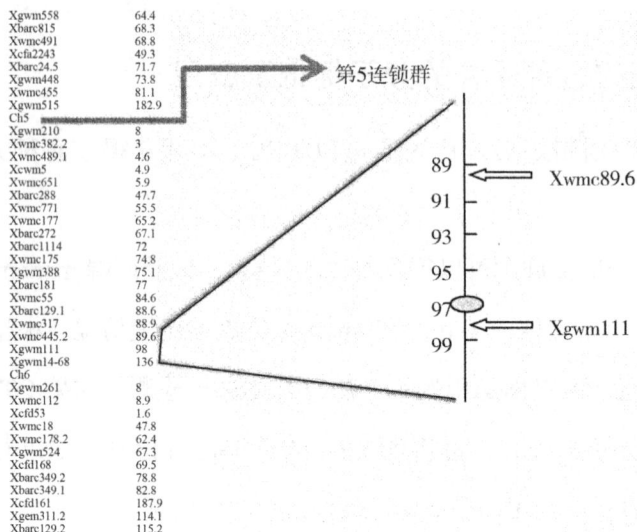

图4-1　QTL（*QHD1*）在染色体的位置和两标记间的示意图

第三节　常规育种全程、多位点分子标记辅助选择技术路线

　　小麦常规育种的程序一般包括：亲本选择和配置杂交组合、F_1 杂优鉴定和选留、$F_2 \sim F_5$ 各世代中株系选择、品系出圃、依次参加课题组的新品系比较试验等主要步骤。在常规育种中完成这些步骤一般需要 6 年时间，加上参加省（或国家）预试 1 年、区试 2 年和生产试验 1 年，从配制组合到品种审定推广至少需要 10 年左右的时间。在这个漫长的过程中，为了增加选育好品种的机遇，育种家不得不每年都大量配制组合，海量种植选择世代群体，每年又难取舍过多组合和当选单株，致使育种群体和种植面积像滚雪球一样越来越大。正是由于组合配制的随机性和系谱选择过程中的不准确性，选出品种的组合与配制组合的比例一般不到千分之一，发展成

品种的株系与各代选留选株系的比例一般只有百万分之一，所以有人把常规育种称为"运气加艺术"的过程。分子标记辅助选择技术的运用主要是增加配制组合和株系选择的准确性，减少了群体种植面积，节约大量人力、物力，与常规育种结合的分子标记辅助选择技术路线（图4-2）要点如下。

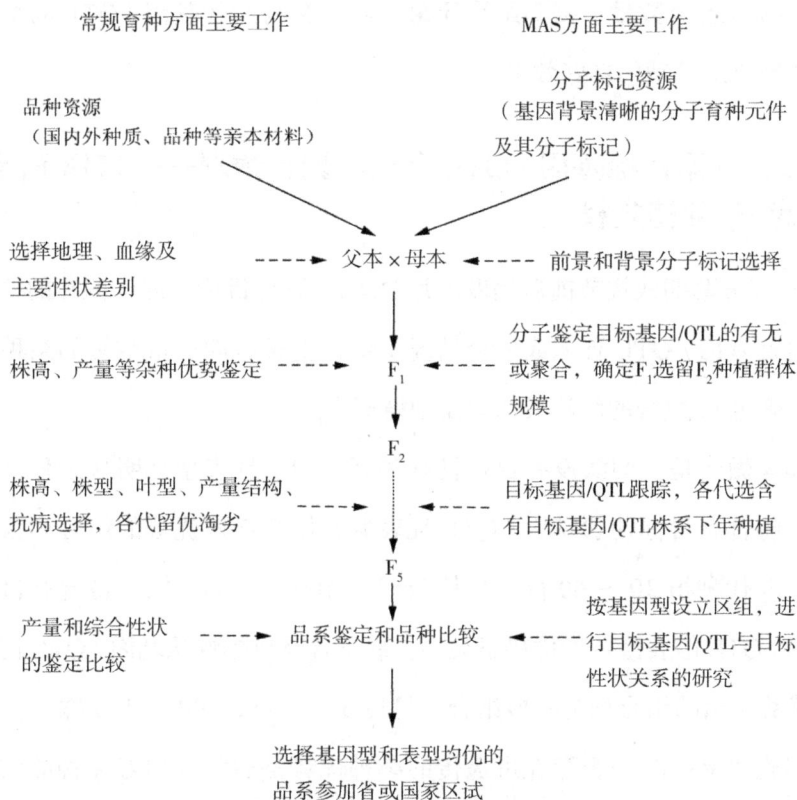

常规育种方面主要工作　　　　　　　　MAS方面主要工作

品种资源　　　　　　　　　　　　　　分子标记资源
（国内外种质、品种等亲本材料）　　（基因背景清晰的分子育种元件
　　　　　　　　　　　　　　　　　　　　及其分子标记）

选择地理、血缘及　------▶　父本×母本　◀------　前景和背景分子标记选择
主要性状差别

株高、产量等杂种优势鉴定 ------▶ F_1 ◀------ 分子鉴定目标基因/QTL的有无
　　　　　　　　　　　　　　　　　　　或聚合，确定F_1选留F_2种植群体
　　　　　　　　　　　　　　　　　　　规模

　　　　　　　　　　　　　　　　F_2

株高、株型、叶型、产量结构、　　　　　　目标基因/QTL跟踪，各代选含
抗病选择，各代留优淘劣　　◀------　有目标基因/QTL株系下年种植

　　　　　　　　　　　　　　　　F_5

　　　　　　　　　　　　　　　　　　　　按基因型设立区组，进
产量和综合性状　------▶　品系鉴定和品种比较　◀------　行目标基因/QTL与目标
的鉴定比较　　　　　　　　　　　　　　　　　　　性状关系的研究

选择基因型和表型均优的
品系参加省或国家区试

图 4-2　常规育种和 MAS 结合的技术路线简图

一、依据基因 /QTL 有无和重组预测——选择亲本和配制组合

在坚持常规亲本选择必须考虑血缘、地理和性状差异的基础上，根据育种目标（包括高产、抗逆、优质）确定一批遗传背景清晰的育种元件（即亲本材料，因遗传背景清晰称之为育种元件，下同），按照目标基因 / QTL

有无选择配制组合的父本和母本，根据重组交换的基因 / QTL 的数目和分离规则，确定杂交穗子的数目。

实施效果：以基因型差异和目标基因 / QTL 有无作为亲本选择标准，并根据拟重组基因 / QTL 的数目，确定杂交组合配制和杂交穗子的数量，达到了减少组合数量、提高组合质量，同时又为后代基因 / QTL 的检测和株系选择奠定基础的良好效果。

二、依据目标基因 / QTL 有无和聚合情况——选留 F_1 组合和确定 F_2 种植规模

在 F_1 分蘖期或拔节前后提取叶片 DNA，进行目标基因 / QTL 的检测，根据目标基因 / QTL 有无或聚合情况，结合生长后期产量结构的杂种优势表现，确定 F_1 组合的淘汰或选留及种植规模。

具体做法是：淘汰没有目标性状基因 / QTL 且表型无明显杂种优势的组合；将含有目标性状基因 / QTL 且表型有显著杂种优势的组合列为重点组合，F_2 代种植 30 ～ 60 行（行长 3m），1000 ～ 2000 株；将含有目标性状基因 / QTL 但表型杂种优势不突出，或不含有目标性状基因 / QTL 但表型杂种优势突出的组合列为一般组合，只种 3 ～ 5 行，100 ～ 150 株。

实施效果：F_1 是否存在可遗传的杂种优势是后代选出好品种的前提。虽然小麦的 F_1 杂种优势不如玉米等作物大，但一般在株高、抗逆等表型上都有明显可见的优势。由于表型选择很难确定哪些杂种优势性状可以遗传后代，因此，常规育种者一般都是尽量多地保留杂交组合，甚至种植所有组合，致使 F_2 代种植组合多、面积大。后代分离频率低、变异差的组合比例一般在 50% 以上，既大大浪费人力、物力，又给以后各世代的种植造成累赘。根据目标基因 / QTL 的有无和聚合情况，确定 F_1 组合选留和 F_2 种植

规模的方法，一般可减少 1/3 ～ 1/2 组合的种植，F_2 的种植面积可减少 50％以上，在保证选留和选择准确性的基础上，大大降低了育种成本。

三、依据目标基因 / QTL 的追踪和表型鉴定——在分离世代株系选择中选优淘劣

F_2 ～ F_5 代是性状分离和选择的关键世代，利用分子标记追踪目标基因 / QTL 的方法是：于冬前分蘖或拔节或抽穗期，选择重点组合的生长健性植株的主茎穗（蘖）挂牌标记，提取挂牌茎叶片的 DNA，进行目标性状基因 / QTL 的标记跟踪，生长中后期，依据目标性状基因 / QTL 的有无及表型好坏进行田间选优淘劣。对一般组合则是先选优株挂牌，后对优选株进行目标性状基因 / QTL 检测。单株（系）收获后详细考种，进行目标基因 / QTL 和相应性状的相关分析，根据基因型和表现型的综合结果，最后决定单株或株系的选留及下代种植群体的大小。

实施效果：常规育种者在担心漏选优良株系的心理下，F_2 ～ F_5 往往大量选留单株，造成种植群体越来越大，用地多、工作量大、选株精准性差、效率低。在各代生长早、中期就鉴定目标基因 / QTL 是否存在，在确定含有目标基因 / QTL 的前提下，再选择理想的表现型，或在当选择理想株系中再进行目标基因 / QTL 的验证；优良基因型和理想的表现型结合，大大提高了选择的准确性，世代之间根据目标基因 / QTL 的追踪情况，确定下年种植群体的大小，大大减少了育种用地和人力物力投入。近几年育种实践证明，分子标记辅助育种方法，F_2 ～ F_5 的种植面积比同样规模的常规育种节约育种用地 50％以上，而且大大提高了育种效率。

四、鉴定、品比世代——验证目标基因 / QTL 的作用

F_5 代田间整齐度达标的株系，即可以出圃品系参加课题的新品系鉴定

和新品系比较试验。根据某品系所含有的目标基因 / QTL 的类型及其效应，将其分别归于产量鉴定、品质鉴定、旱地鉴定和抗病鉴定区组。在继续用分子标记跟踪目标基因 / QTL 的同时，重点进行这些目标基因 / QTL 存在对目标性状影响的研究。选择株型优良、产量高、抗逆强的品系参加省或国家区域试验，进入品种审定程序。

实施效果：传统育种的系谱选择，一般至 F_5 代或 F_6 代出圃，依次参加课题组的鉴定区和品比区试验。在未实行分子标记辅助选择前，一个课题组一般将所有出圃品系放在同一条件下进行产量鉴定，这个过程虽然也对抗病和品质的表型性状进行评价，但选留的指标主要是小区产量，这样可能会淘汰某些产量不突出，但抗性突出、稳产性好的品系，造成育种过程中的很大浪费。鉴定、品比阶段的分子标记辅助选择，在基因型分组的基础上，严格进行产量和综合性状的鉴定，更易选育出符合品种设计目标的突破性小麦新品种。同时在育种品种水平上，有利于总结目标基因 / QTL 与表型性状表达的关系，创造新的育种理论和方法，提高我国小麦育种的整体水平。

第四节　借助 MAS 实施基因 / QTL 转移的技术路线

通过有限回交，将某些育种材料（地方品种、国外品种、远缘种质）中的有利基因，转移到现代的高产小麦新品种，是扩大现代小麦的遗传基础、选育出更高产优质小麦品种的有效方法。以 QTL 定位为主要内容的连锁分析和使用 DarT 标记和 SNP 方法进行的关联分析，已获得大量有利基因 / QTL 及其分子标记，为借助 MAS 方法实施基因转移提供了良好条件。近几年，在 QTL 定位和获得含有目标基因 / QTL 的大量育种元件的基础上，我们构建了以国内外核心种质为供体亲本的大量渗透系群体。许多群体都有性状突出的优异变异，从中选育的 BC_2F_5 代品系已经作为新品系出圃，可以参加课题组的鉴定和品比试验。

借助 MAS 实施基因 / QTL 转移主要有以下几个步骤。

（1）根据培育品种的目标，选择实施转移的基因 / QTL（1个或几个）及供体亲本和受体亲本。其供体亲本一定含有已知目标基因 / QTL，并有用于目标基因 / QTL 追踪的分子标记，即保证在各世代都可对目标基因 / QTL 进行前景选择。其受体亲本一定是当前生产上大面积推广的优良品种，最好也是通过分子标记鉴定已知其遗传基础的品种，以便对其主要性状的基因 / QTL 进行背景选择。

（2）一般进行 2 ~ 3 代回交，建立起一套（数百个）BC_2 或 BC_3 渗入系，即供体亲本的染色体理论上占 1.25% ~ 6.25%。

（3）杂交和回交早代主要进行前景选择，每代都以含有目标基因 / QTL 植株作为回交的母本，以保证目标基因 / QTL 的连续转移。

（4）BC_2F_2 代及以后的自交群体，主要进行背景选择，即保证轮回亲本中重要农艺性状的保持及减轻连锁累赘。

（5）在实施 MAS 的同时，各选择世代都不要忽视个体表现型的选择，育种家在田间心里要装着目标基因 / QTL 的作用，眼里则是植株特性、产量结构和抗逆性等表型性状，这样才能选育出理想的超级小麦新品种（图 4-3）。

实施效果：多年来传统的常规育种也常采用有限回交方法培育新品种，但亲本的选择只是考虑亲缘的远近，后代的选择也只是通过表现型来选择基因型。由于选择的盲目性，最后选出的品系可能已丢失目标基因；或有目标基因，但由于连锁累赘，最终不能成为生产上可利用的品种，借助 MAS 实施基因 / QTL 的转移，始终可保证目标基因 / QTL 的传递和存在。有条件的单位加上轮回亲本的背景选择，可大大加快品种选育过程，选育出符合育种目标的新品种。

供体亲本
（含目标基因/QTL）　　　×　　（不含目标基因，但农艺性状优良、高产优质）　轮回亲本

↓

F_1 × 轮回亲本

分子标记辅助选择和表型选择

↓

BC_1F_1（含目标基因/QTL）× 轮回亲本

分子标记辅助选择和表型选择

↓

BC_2F_1（含目标基因/QTL）× 轮回亲本

分子标记辅助选择和表型选择

↓

BC_3F_1（含目标基因/QTL）选系自交

分子标记和综合农艺性状选择

↓

BC_3F_n
含供体亲本的目标基因/QTL轮回亲本衍生品种（系）

↓

品种试验、生产利用

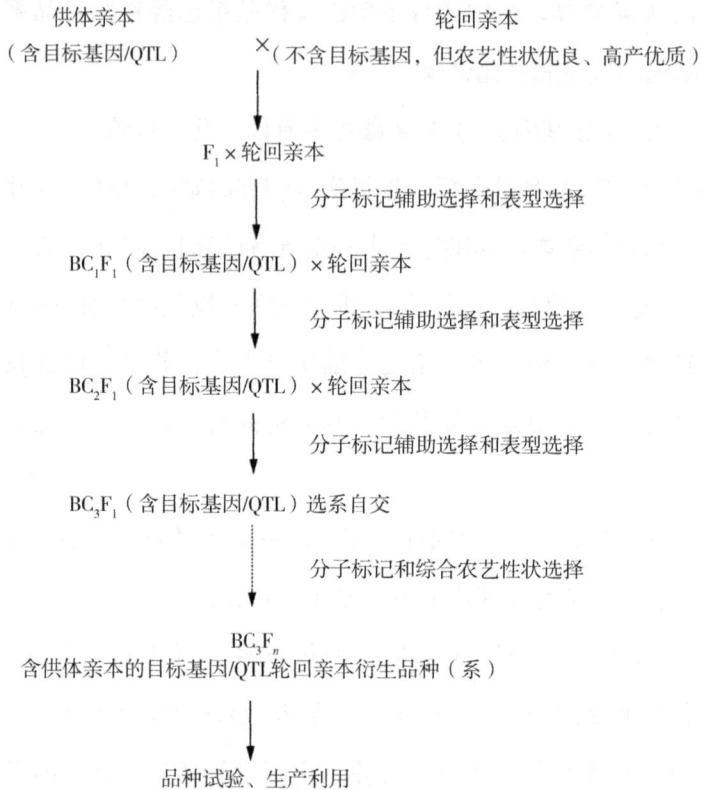

图 4-3　借助 MAS 实施基因 / QTL 转移的技术路线

第五节　借助 MAS 实施的基因 / QTL 聚合育种的技术路线

　　基因 / QTL 的聚合育种（breeding by gene / QTL pyramiding）是指将分散在不同种质中的有利基因聚合到一个品种中的过程。以基因—性状的连锁分析方法和关联分析方法，为借助 MAS 实施基因 / QTL 聚合育种提供了很好的技术支撑。

　　借助 MAS 实施基因 / QTL 聚合育种主要有以下几个步骤。

（1）根据育种目标，在已进行 QTL 分析的 RIL 群体、DH 群体中，或已经过 DarT 标记或 SNP 检测分析的自然群体中，筛选出彼此间在几个目标性状上表现最大程度遗传互补的品种（系）。

（2）根据 QTL 定位和 SNP 检测结果，确定要聚合的目标基因 / QTL 及其用于跟踪的分子标记。

（3）将中选亲本相互杂交产生单交 F_1，单交 F_1 间复交，或单交 F_1 再用第三个亲本杂交产生顶交 F_1，复交 F_1 自交产生数目较大的 F_2 分离群体。

（4）在单交和复交的后代中，用目标基因 / QTL 的分子标记，大规模开展分子检测的辅助选择。

（5）在分子标记检测的同时，连续多代选择目标性状聚合的优良品种（系），直至育成新品种。其技术路线简图如下（图 4-4）。

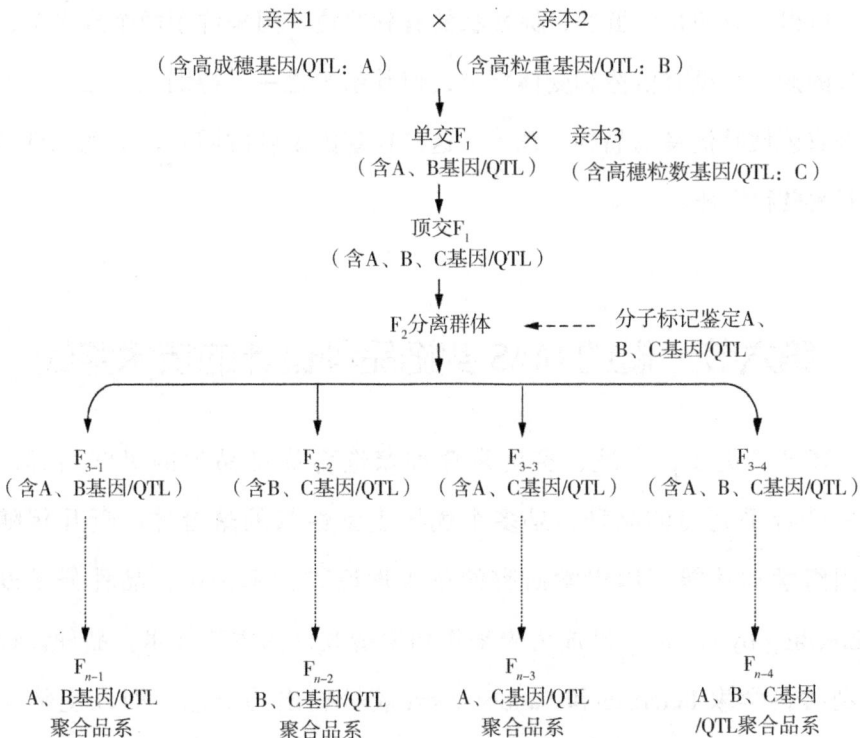

图 4-4　借助 MAS 实施基因 / QTL 聚合的技术路线简图

实施效果：多品种复交或三品种顶交的方法在常规育种中也常用。但由于亲本多，后代稳定时间长，且基因/QTL聚合的程度不同，仅根据表型选择很难选出目标基因/QTL有效组合的株系。借助MAS实施的基因/QTL聚合技术，由于已知亲本含有的目标基因/QTL及其标记，通过分子标记跟踪，则可容易地鉴定出目标基因/QTL的聚合情况，选育出不同基因聚合型的理想品种。例如，常规育种一直用分别为高成穗、高粒重和高穗粒数的3个品种（系）杂交，至今没选育出产量三要素的3个高值聚合在一起的品种（系）。另外，有些基因虽然聚合了，但表型很难鉴定。例如，小麦的白粉病或条锈病有许多生理小种，多个生理小种的聚合对小麦的垂直抗性有重要作用，借助MAS方法，则可选育出多个生理小种基因/QTL聚合、田间抗病表现为免疫或高抗的优良品种。

值得注意的是，虽然目标性状的有利等位基因来源于两个或多个遗传互补的亲本，没有供体和受体之分，但其亲本之一，特别是第三个亲本最好是农艺性状优良的品种（系），这样在基因聚合的同时，实现优良品种不断改良和提升。

第六节　借助MAS实施品种设计的技术路线

高产、优质、广适、多抗是育种家选育优良品种的最终目标，这样一个近乎完美的品种，是多个优异表型性状的聚合体。近几年随着基因组学和功能基因组学研究的重大理论和技术突破，品种分子设计（breeding by design）已成为未来作物遗传改良的主流技术。品种设计是比利时科学家Peleman和Vander Voort最早提出的概念，即以生物信息学为平台，以基因组和蛋白组学的数据库为基础，综合作物育种学流程中的遗传、生理生化和生物统计学等学科的有用信息，根据具体作物的育种目标和生长环境，先设计最佳方案，然后开展育种试验的分子育种方法，其主要内容包括以遗传群体为基础的 QTL 定位、QTL 的功能分析和品种的设计组合三个方面。但具体怎样开展分子设计育种并没有详细论述。

　　品种设计是最高层次的分子育种技术，其概念提出十多年来，在国家重点基础研究"973"项目的支持下，我国的科技工作者在多种作物上开展了品种设计研究和实践。在刚刚完成的"973"课题"小麦高产品种分子改良和超高产分子育种元件创制"支持下，从遗传图构建、QTL 定位和功能分析、育种元件创制等多方面为品种设计的实施奠定了基础。提出借助MAS 实施"三层次"组装的超级小麦品种（super variety）分子设计的技术体系（图4-5）。

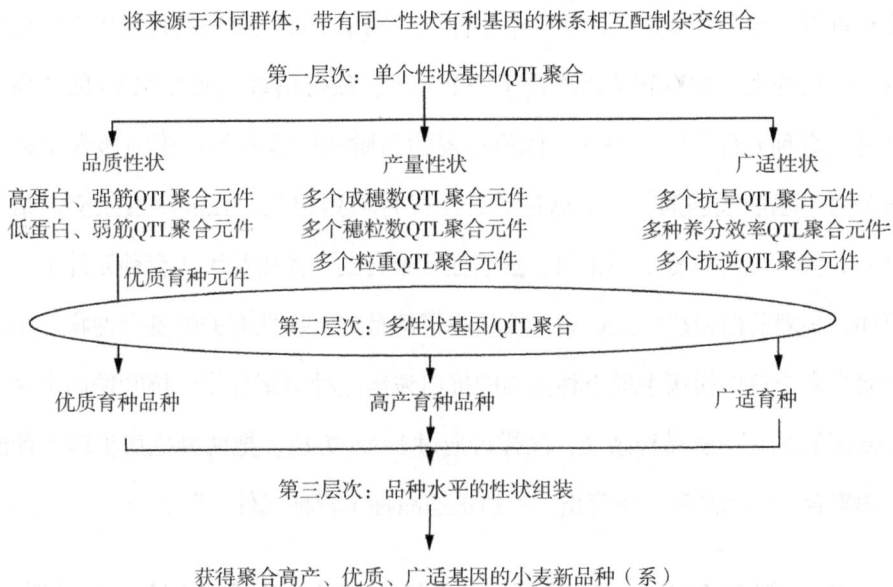

图 4-5　品种定向组装技术路线

一、第一层次：单个性状的多个有利基因 / QTL 的组装

小麦的主要产量、品质性状都是多个基因控制的数量基因性状。本层次组装就是把控制单个性状（如穗粒数）的多个基因 / QTL 聚合于一个品种，创造单个性状突出的育种元件，如小麦高穗粒数（含多个决定穗粒数的 QTL，每穗 70～80 粒）的育种元件；强筋小麦（在 *gludl* 的 3 个位点上均为优质亚基）育种元件等。具体组装方法同借助 MAS 实施的基因 / QTL 聚合育种的技术路线。

二、第二层次：多性状有利基因 / QTL 的组装

就是把已聚合多个基因 / QTL 的各个有关联的单个性状再通过有性杂交聚合于一个品种（系），创造常说的"高产品种"或"优质品种"或"广适抗逆品种"，例如，我们常说的小麦产量三结构，即单位面积穗数、每穗粒数和千粒重就是与产量有关联的 3 个单个性状，用单个性状突出的材料作亲本把产量三结构的大多数有利基因聚合于一个品种，就可培育出通过 MAS 的"高产品种（育种元件）"；同样，优质小麦的品质指标也有籽粒蛋白质含量和面粉筋力（强筋或弱筋）等关联性状，用高籽粒蛋白质与强筋小麦杂交，结合 MAS，同样也可培育出高蛋白、强筋性状聚合的"优质品种（育种元件）"。再如，小麦的白粉病、条锈病、纹枯病等都是与抗病性有关的各个性状，用已经聚合多个抗白粉病生理小种基因的抗白粉病品种与聚合多个抗叶锈病生理小种基因的抗叶锈病品种杂交，同样可通过 MAS 方法，把两种抗病生理小种的基因聚合于一个品种，培育出"广适抗逆品种（育种元件）"。

三、第三层次：品种层面的多个有利基因 / QTL 的组装

品种层面的组装就是把第二层次产生的"高产品种"或"优质品种"

或"广适抗逆品种"中的多个有利基因 / QTL 再组装为一个"高产优质多抗品种"。这是"品种设计"提出的理想超级小麦品种（superior variety）的目标。当然，理想的"superior variety"是一类品种，不同的品种累积的有利基因 / QTL 的类别和数目都会不同，即品种的高产、优质和多抗性状也会不断改进，产量水平也会不断提高。这需要熟悉更多的基因 / QTL 的功能和相互作用，利用更多的育种元进行更多的阶梯杂交组装和 MAS。

实施效果：生产上利用的品种，也有"高产品种""强筋品种""抗旱品种"等分类，但随着生产水平和育种水平的提高，人们已对品种的要求越来越全面，如果一个品种尽管产量水平较高，但若品质较差或有些年份病害大发生，也不会成为生产上大面积推广品种。因此，借助 MAS 实施"三层次"组装，培育聚合"高产、优质、多抗"综合性状的理想超级小麦品种（superior variety）十分必要。过去常规育种也有多品种依次阶梯杂交，培育多个优良性状聚合的小麦新品种的尝试。但由于不清楚各个优质性状基因 / QTL 的数目、作用及其相互作用机理，特别是不能从基因型上对这些性状进行选择，所以杂交后代稳定时间长、效果差。现在提出的分子设计育种，则是在充分了解小麦主要性状的基因作用及其相互作用机理的基础上，首先在计算机上模拟实施，考虑的性状和因素更多、更周全，因而所选用的亲本组合、育种途径更有效，特别是自始至终都可以用 MAS 检测跟踪，可以培育出将高产、优质、多抗和稳产广适的各种性状聚合一体的近乎完美的小麦新品种。

第五章 分子标记辅助选择育种

传统的育种主要依赖于植株的表现型选择（phenotypical selection）。环境条件、基因间互作、基因型与环境互作等多种因素会影响表型选择效率。例如，抗病性的鉴定就受发病的条件、植株生理状况、评价标准等影响；品质、产量等数量性状的选择、鉴定工作更困难。一个优良品种的培育往往需花费 7～8 年甚至十几年时间。提高选择效率是育种工作的关键。

育种家在长期的育种实践中不断探索运用遗传标记来提高育种的选择效率与育种预见性。遗传标记包括形态学标记、细胞学标记、生化标记与分子标记。棉花的芽黄、番茄的叶型、抗 TMV 的矮黄标记、水稻的紫色叶鞘等形态性状标记，在育种工作中曾得到一定的应用。以非整倍体、缺失、倒位、易位等染色体数目、结构变异为基础的细胞学标记，在小麦等作物的基因定位、连锁图谱构建、染色体工程以及外缘基因鉴定中起到重要的作用，但许多作物难以获得这类标记。生化标记主要是利用基因的表达产物如同工酶与贮藏蛋白，在一定程度上反映基因型差异。它们在小麦、玉米等作物遗传育种中得到应用。但是它们多态性低，且受植株发育阶段与环境条件及温度、电泳条件等影响，难以满足遗传育种工作需要。以 DNA 多态性为基础的分子标记，目前已在作物遗传图谱构建、重要农艺性状基因的标记定位、种质资源的遗传多样性分析与品种指纹图谱及纯度鉴定等方面得到广泛应用，尤其是分子标记辅助选择（MAS）育种更受到人们的重视。

第一节　重要农艺性状基因连锁标记的筛选技术

MAS 育种不仅可以通过与目标基因紧密连锁的分子标记在早世代对目的性状进行选择，同时，也可以利用分子标记对轮回亲本的背景进行选择。目标基因的标记筛选（gene tagging）是进行 MAS 育种的基础。用于 MAS 育种的分子标记需具备 3 个条件：①分子标记与目标基因紧密连锁（最好 1cM 或更小，或共分离）；②标记适用性强，重复性好，而且能经济简便地检测大量个体（当前以 PCR 为基础）；③不同遗传背景选择有效。遗传背景的 MAS 则需要有某一亲本基因型的分子标记研究基础。

一、遗传图谱的构建与重要农艺性状基因的标记

通过建立分子遗传图谱，可同时对许多重要农艺性状基因进行标记。许多农作物上已构建了以分子标记为基础的遗传图谱。这些图谱在重要农艺性状基因的标记和定位、基因的图位克隆、比较作图以及 MAS 育种等方面都是非常有意义的。但是由于分子标记数目的限制，目前作图亲本的选用首先考虑亲本间的多态性水平，育种目标性状考虑较少，这样使遗传图谱的构建与重要农艺性状基因的标记筛选割裂开来。因此，根据育种目标选用两个特殊栽培品种作为亲本来构建作物的品种——品种图谱，将作物图谱构建和寻找与农艺性状基因紧密连锁的分子标记有机结合

起来。

遗传作图的原理与经典连锁测验一致，即基于染色体的交换与重组。在细胞减数分裂时，非同源染色体上的基因相互独立，自由组合，而位于同源染色体上的连锁基因在减数分裂前期 I 非姊妹染色单体间的交换而发生基因重组。用重组率来表示基因间的遗传距离，图距单位用 cM 厘摩（centi-Morgan）表示，一个 cM 的大小大致符合 1% 的重组率。遗传图谱只显示基因间在染色体上的相对位置，并不反映 DNA 的实际长度。

遗传图谱构建的主要环节为：①根据遗传材料之间的多态性确定亲本组合，建立作图群体；②群体中不同植株的标记基因型分析；③借助计算机程序构建连锁群。因此，要构建好的遗传图谱，首先应选择合适的亲本及分离群体，这直接关系到建立遗传图谱的难易程度，遗传图谱的准确性及所建图谱的适用性。亲本间的差异不宜过大，否则会降低后代的结实率及所建图谱的准确度。而亲本间适度的差异范围因不同物种而异，通常多态性高的异交作物可选择种内不同品种作杂交亲本，而多态性低的自交作物则需选择不同种间或亚种间品种作杂交亲本。如玉米的多态性极好，一般品种间配制的群体就可成为理想的分子标记作图群体，而番茄的多态性较差，因而选用不同种间的后代构建分子标记作图群体。

用于分子标记的遗传作图群体一般分为两类：第一类为暂时性分离群体，包括 F$_2$ 群体、BC 等；第一类为加倍单倍体（doubled haploid lines，即 DHL）和重组近交系（recombinant lnbred Lines，即 RIL）等永久性分离群体。自花授粉作物与异花授粉作物作图群体的构建方法如图 5-1 所示。

自花授粉作物作图群体的构建方法：

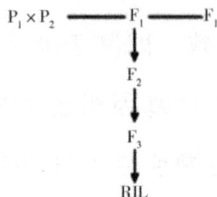

$P_1 \times P_2$ —— F_1 —— F_1 $F_1 \times P_1$ $F_1 \times P_1$ F_1

F_2 $B_1{:}BC_1$ $B_2{:}BC_1$ DHL

F_3

RIL

异花授粉作物作图群体的构建方法：

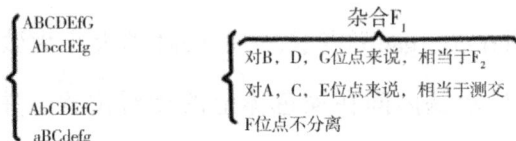

ABCDEfG
AbcdEfg

AbCDEfG
aBCdefg

杂合F_1

对B、D、G位点来说，相当于F_2
对A、C、E位点来说，相当于测交
F位点不分离

图5-1　遗传作图群体构建方法

F_2群体构建比较省时。但由于每个F_2单株所提供的DNA有限，且只能使用一代，限制了该群体的作图能力。BC群体是由F_1与亲本之一回交产生的群体。由于该群体的配子类型较少，统计及作图分析较为简单，但提供的信息量少于F_2群体，且可供作图的材料有限，不能多代使用。若通过远缘杂交构建的F_2作图群体，易发生向两极疯狂分离，标记比例易偏离3∶1或1∶2∶1。第二类为永久性分离群体，包括重组自交系群体、加倍单倍体群体等。RIL群体是由F_2经多代自交一粒传（Single seed descendant，即SSD）使后代基因组相对纯合的群体。RIL群体一旦建立，就可以代代繁衍保存，有利于不同实验室的协同研究，而且作图的准确度更高。缺点是建立RIL群体相当费时，而且有的物种很难产生RIL群体。DH群体是通过对F_1进行花药离体培养或通过特殊技术（如棉花的半配生殖材料）得到单倍体植株后代，再经染色体加倍而获得的纯合二倍体分离群体。因此DH群体也能够长期保存。但构建DH群体需深厚的组织培养基础和染色体加倍技术。

与暂时性群体相比，永久性群体至少有两方面长处：①群体中各品系的遗传组成相对固定，可以通过种子繁殖代代相传，不断地增加新的遗传标记，并可在不同的研究小组之间共享信息；②可以对性状的鉴定进行重复试验以得到可靠的结果。这对于某些病害的抗性鉴定以及受多基因控制且易受环境影响的数量性状的分析尤为重要。

许多重要的农艺性状，如抗病性、抗虫性、育性、一些抗逆性（抗盐、抗旱）等都表现为质量性状遗传的特点。由于这些性状只受单基因或少数几个主基因控制，一般均有显隐性，在分离世代无法通过表型来识别目的基因位点是纯合还是杂合，在几对基因作用相同时（如一些抗病基因对病菌的不同生理小种反应不同），无法识别哪些基因在起作用。特别是一些质量性状虽然受少数主基因控制，但其中许多性状的表现还受遗传背景、微效基因以及环境条件的影响。所以利用分子标记技术来定位、识别质量性状基因，特别是利用分子标记对一些易受环境影响的抗性基因的选择就变得相对简单。

二、近等基因系的培育与重要农艺性状基因的标记

近等基因系（NIL）是 Young 等人最早提出来的。近等基因系的培育主要是通过多次的定向回交，它与原来的轮回亲本就构成了一对近等基因系（图 5-2）。在回交导入目标性状基因的同时，与目标基因连锁的染色体片段将随之进入回交子代中（图 5-2）。NIL 作图的基本思路是鉴别位于导入的目标基因附近连锁区内的分子标记，借助于分子标记定位目标基因。利用这样的品系可在不需要完整遗传图谱的情况下，先用一对近等基因系筛选与目标基因连锁的分子标记，再用近等基因系间的杂交分离群体进行标记与目的基因连锁的验证，从而筛选出与目标基因连锁的分子标记。Param 等 1991 年运用 212 个随机引物对莴苣抗感霜霉病（*Dm*）的近等基因系进行了 RAPD 分析，将 4 个 RAPD 标记定位在 *Dm1* 和 *Dm3* 连锁区域，6 个

定位在*Dm11*连锁区。用近等基因系方法，还筛选出燕麦锈病，大麦茎锈斑病，小麦的腥黑穗病，番茄的线虫、花叶病毒，烟草的黑根瘤等抗性基因以及很多其他的目标基因的分子标记。

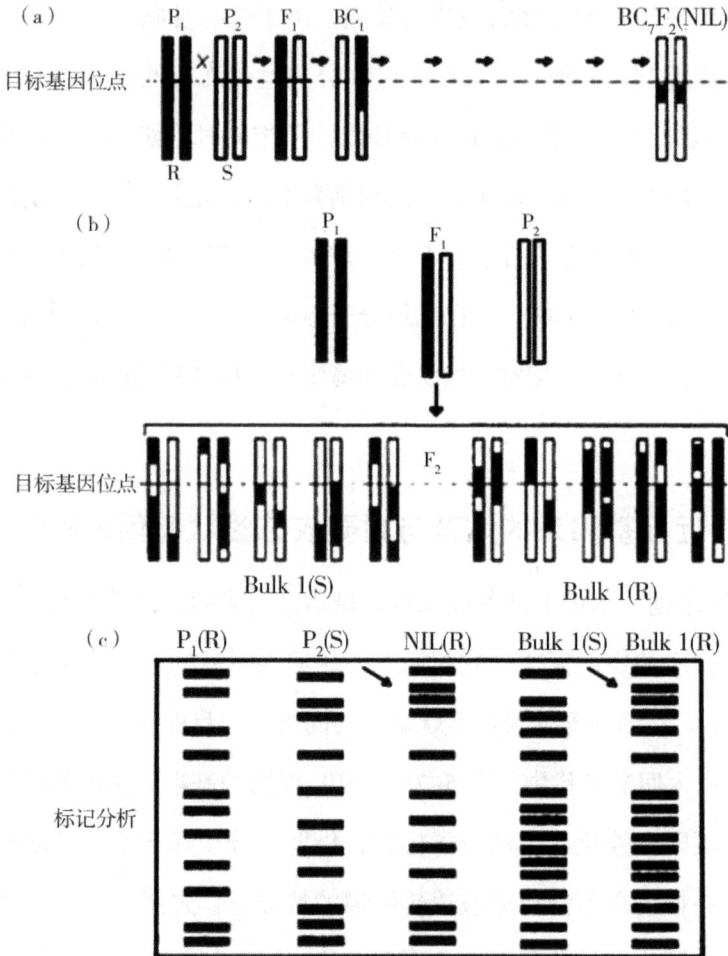

图 5-2　NIL 和 BSA 分析方法

（a）近等基因系的创建；（b）F_2 代极端群体的分离；
（c）近等基因系和群体分组分析两种方法的分子标记分析
（Tanksley et al.，1995）

三、群体分离分析法与重要农艺性状基因的标记

近等基因系的基因作图效率很高，但一个近等基因系的培育耗费时间长，既费工又费时，另外，许多植物很难建造其近等基因系，如一些林木植物既无可利用的遗传图谱，又对其系谱了解很少，几乎不可能创造近等基因系。1991 年，Michelmore 等提出了群体分离分析法（bulked segregant analysis，即 BSA），为快速、高效筛选重要农艺性状基因的分子标记打下了基础。下面以某一抗病基因为例说明构建 BSA 群体的方法。用某一作物的抗病品种与感病品种杂交，F_2 抗病基因发生分离。依抗病性表现将分离群体植株分为 2 组，一组为抗病的，另一组为感病的。然后分别从两组中选出 5 ～ 10 株抗、感极端类型的植株提取 DNA，等量混合构成抗感 DNA 池。对这两个混合 DNA 池进行多态性分析，筛选出有多态性差异的标记，再分析 F_2 所有的分离单株，以验证该标记与目标性状基因的连锁关系以及连锁的紧密程度。NIL 和 BSA 分析方法如图 5-2 所示。

利用 BSA 法，Michelmore 等（1991）从 100 个随机引物中筛选到 3 个与莴苣 $Dm5/8$ 基因连锁，且遗传距离在 15cM 内的分子标记。Giovannoni 等通过已知的 RFLP 遗传图谱，选择不同的 RFLP 基因型建立 DNA 混合库，筛选出与西红柿果实成熟及茎蒂脱落基因连锁的 RAPD 标记。目前，该法已广泛用于主要农作物重要农艺性状基因连锁的分子标记筛选中。

四、数量性状基因的定位

产量、成熟期、品质、抗旱性等大多数重要的农艺性状均表现为数量性状的遗传特点。影响这类性状的表型差异由多个 QTL 和环境共同决定，子代常常发生超亲分离。筛选与多基因控制的 QTL 连锁的分子标记要比筛选主基因控制的质量性状复杂得多。

用于 QTL 分析的群体最好是永久性群体，如重组近交系和加倍单倍体群体。

永久性群体中各品系的遗传组成相对稳定，可通过种子繁殖代代相传，并可对目标性状或易受环境因素影响的性状进行重复鉴定以得到更为可靠的结果。从数量性状遗传分析的角度讲，永久性群体中各品系基因纯合，排除了基因间的显性效应，不仅是研究控制数量性状基因的加性、上位性及连锁关系的理想材料，同时也可在多个环境和季节中研究数量性状的基因型与环境互作关系。

永久性群体培育费用高，因此 QTL 的标记与定位也有用暂时性分离群体的。开始时，分离群体用单标记分析方法进行 QTL 的定位。例如，在一个 P_2 群体，给予任何一个特定的标记 M，如果所有 M_1M_1 同质个体的表型平均值高于 M_2M_2 同质个体，那么就可以推断存在一个 QTL 与这个标记连锁。如果显著水平设置太低，这种方法的假阳性高。此外，QTL 不一定与任一给定的标记等位，尽管它与最近的标记之间具有很强的联系，但它的准确位置和它的效应还不能确定。

区间作图的引入，克服了上述许多问题。它沿着染色体对相邻标记区间逐个进行扫描，确定每个区间任一特定位置的 QTL 的似然轮廓。更准确地说，是确定是否存在一个 QTL 的似然比的对数。在似然轮廓图中，那些超过特定显著水平的最大值处，表明是存在 QTL 的可能位置。显著水平必须调整到避免来自多重测验的假阳性，置信区间为相对于顶峰两边各一个 LOD 值的距离。它一直是应用最广的一种方法，特别是它应用于自交衍生的群体。其软件 Mapmaker/ QTL 是免费提供的。尽管研究人员已对该方法进行过许多精度和效率的研究，但都没有进行重要的修改。

第二种方法是 Haley & Knott（1992）提出的多元回归分析法。该方法相对 LOD 作图而言，在精度和准确度上与区间作图非常相似，它具有程序简单、计算快速的优点，适合于处理复杂的后代和模型中包含广泛的固定效应的情形。例如，性别的不同和环境的不同。显著性测验和置信区间估计可利用 Bootstrapping 抽样方法（Visscher et al.，1996；Lebreton & Visscher，1998）。

第三种方法是同时用一个给定的染色体上的所有标记进行回归模型分析，利用加权最小平方和法或者模拟进行显著性测验（Kearsey & Hyne，1994）。它具有计算速度快和在一个测验中利用所有标记信息的优点。如果一条染色体上只有一个 QTL，所有定位和测定标记两侧之间的 QTL 效应的必要信息都可以利用。尽管不知道哪些标记在 QTL 两侧或者每条染色体上只有一个 QTL，但不论 QTL 怎样在染色体上分布，多重标记方法确实提供了模型的整个测试。

第二节　作物 MAS 育种

一、作物 MAS 育种须具备的条件

利用分子标记进行 MAS 育种可显著提高育种效率。但是要开展 MAS 育种，必须具备如下条件：①分子标记与目标基因共分离或紧密连锁，一般要求两者间的遗传距离小于 5cM，最好是 1cM 或更小；②具有在大群体中利用分子标记进行筛选的有效手段，目前，主要应用自动化程度高，相对易于分析，且成本较小的 PCR 技术；③筛选技术在不同实验室间重复性好，且具有经济、易操作的特点；④应有实用化程度高并能协助育种家做出抉择的计算机数据处理软件。

由单基因或寡基因控制的质量性状的分子标记，易于用于 MAS 育种。对大多数数量性状遗传的重要农艺性状，若想利用 MAS 育种则必须具有精确的 QTL 图谱。这不仅需要将复杂的性状利用合适软件分成多个 QTLs，并将各个 QTL 标记定位于合适的遗传图谱上，而且还与是否有对该数量性状表型进行准确检测的方法，用于作图的群体大小、可重复性、环境影响和不同遗传背景的影响，以及是否有合适的数量遗传分析方法等有关。这为筛选某一复杂农艺性状的 QTL 标记提出了更高要求，也增加了 MAS 付诸育种实践的难度。

二、MAS 育种方法

筛选与质量性状基因紧密连锁的分子标记用于辅助育种，可免受环境条件影响。Deal 等（1995）将普通小麦 4D 长臂上的抗盐基因转移到硬粒小麦 4B 染色体上，利用与该抗盐基因连锁的分子标记进行选择，大大提高了选择效率。研究表明，在一个有 100 个个体数的回交后代群体中，借助 100 个 RFLP 标记选择，只需 3 代就可使后代的基因型回复到轮回亲本的 99.2%，而随机挑选则需要 7 代才能达到。利用 MAS 技术在快速基因垒集方面也表现出巨大的优越性，国际水稻所（IRRI）的 Mackill 等（1992）已将抗稻瘟病基因 *Pi-1*、*Pi-Z5*、*Pi-ta* 精确定位，并建立了分别具有这三个基因的等基因系。通过 MAS 聚合杂交获得 3 个抗稻瘟病基因垒集到一个材料中的个体。在水稻 *RFL* 基因的 MAS 育种方面也已有成功报道。

（一）回交育种

由单基因或寡基因等质量性状基因控制的主要农艺性状，若利用分子标记辅助选择，主要应用回交育种分析方法。针对每一回交世代结合分子标记辅助选择，筛选出含目标基因的优异品系，进一步培育成新品种。若利用分子标记跟踪选择回交后代中的 QTL，常由于该数量性状在后代中处于分离状态的 QTL 数目增加，需扩大回交群体，以增加所有 QTL 的有利基因同时整合在一个个体中的机会。另外，对多个 QTL 进行回交转育，可能会将较大比例的与这些 QTL 连锁的供体基因组片段同时转移到轮回亲本中去。因此，该法不是利用分子标记辅助育种选择 QTL 性状的最优方法。

在回交育种过程中，尤其是野生种做供体时，尽管一些有利基因成功导入，但同时也带来一些与目标基因连锁的不利基因，成为连锁累赘（linkage drag）。利用与目标基因紧密连锁的分子标记可直接选择在目的基因附近发生重组的个体，从而避免或显著减少了连锁累赘，加快了回交育种的进程。Young 等研究发现，利用番茄高密度 RFLP 图谱对通过回交育种育成的抗病品种所含 *Lperu* 抗 TMV 的 *Tmv$_2$* 渗入片段大小检测，最小 4cM，最大超过 51cM，可见常规育种对抗性基因附近的 DNA 大小选择效果不大；模拟结果显示，利用分子标记通过二次回交所缩短的渗入区段，在不用标记辅助时需 100 次回交才可达到同样效果。

1996 年 Tanksley 提出了 QTL 定位和利用的 AB 分析方法（advanced backcross analysis）策略，即利用野生种或远缘的材料与优良的品种杂交，再回交 2～3 代，利用分子标记同时发现和定位一些对产量或其他性状有重要贡献的主效 QTL，这种方法已在番茄和水稻中被证实是行之有效的。例如，通过 AB 分析方法，发现 *O.rufipogon* 水稻野生种（图 5-3）中有 2 个可显著提高我国杂交稻产量的 QTL。和原杂交稻相比，每个 QTL 可提高产量大约 17%。而且这 2 个 QTL 没有与不良性状连锁，因此，它们有很大的利用潜力。

图 5-3　水稻 *O.rufipogon* 野生种（左）和中国现代品种

（Tanksley & McCouch，1997）

（二）SLS-MAS（single large-scale MAS）

这是 Ribant 等（1999）提出的。基本原理是在一个随机杂交的混合大群体中，尽可能保证选择群体足够大，保证中选的植株在目标位点纯合，而在目标位点以外的其他基因位点上保持大的遗传多样性，最好仍呈孟德尔式分离。这样，分子标记筛选后，仍有很大遗传变异供育种家通过传统育种方法选择，产生新的品种和杂交种。这种方法对于质量性状或数量性状基因的 MAS 均适用。本方法可分为四步：

第一步：利用传统育种方法结合 DNA 指纹图谱选择用于 MAS 的优异亲本，特别对于数量性状而言，不同亲本针对同一目标性状要具有不同的重要的 QTL，即具有更多的等位基因多样性。

第二步：确定该重要农艺性状 QTL 标记。利用中选亲本与测验系杂交，将 F_1 自交产生分离群体，一般 200～300 株，结合 $F_{2:3}$ 单株株行田间调查结果，以确定主要 QTL 的分子标记。

表型数据必须在不同地区种植获得，以消除环境互作对目标基因表达的影响。标记的 QTL 不受环境改变的影响，且占表型方差的最大值（即要求该数量性状位点必须对该目标性状贡献值大）。确定 QTL 标记的同时将中选的亲本间杂交，其后代再自交 1～2 次产生一个很大的分离群体。

第三步：结合 QTL 标记的筛选，对上述分离群体中单株进行 SLS-MAS。

第四步：根据中选位点选择目标材料，由于连锁累赘，除中选 QTL 标记附近外，其他位点保持很大的遗传多样性，通过中选单株自交，基于本地生态需要进行系统选择，育成新的优异品系，或将此与测验系杂交产生新杂种。若目标性状位点两边均有 QTL 标记，则可降低连锁累赘。

（三）MAS 聚合育种

在实际育种工作中，通过聚合杂交将多个有利目标基因累集到同一品种材料中，培育成一个具多种有利性状的品种，如多个抗性基因的品种，在作物抗病虫育种中保证品种对病虫害的持久抗性将有十分重要的作用。但是，由于导入的新基因表现常被预先存在的基因所掩盖或者许多基因的表型相似难以区分、隐性基因需要测交检测，或接种条件要求很高等，导致许多抗性基因不一定会在特定环境下表现出抗性，造成基于表型的抗性选择将无法进行。MAS 可利用分子标记跟踪新的有利基因导入，将超过观测阈值外的有利基因高效地累积起来，为培育含有多抗、优质基因的品种提供了重要的途径。

利用 MAS 技术在快速累集基因方面表现出巨大的优越性。农作物有许多基因的表现型是相同的，通过经典遗传育种研究无法区分不同基因效应，从而也就不易鉴定一个性状的产生是由于一个基因还是多个具有相同表型的基因的共同作用。借助分子标记，可以先在不同亲本中将基因定位，然后通过杂交或回交将不同的基因转移到一个品种中去，通过检测与不同基因连锁的分子标记有无来推断该个体是否含有相应的基因，以达到聚合选择的目的。

南京农业大学细胞遗传所与扬州农科所合作，借助于 MAS 完成了 *Pm4a*+*Pm2*+*Pm6*、*Pm2*+*Pm6*+*Pm21*、*Pm4a*+*Pm21* 等小麦白粉病抗性基因的聚合，从而拓宽了现有育种材料对白粉病的抗谱，提高了抗性的持久性。利用具有单个不同抗性基因的 4 个亲本，通过 MAS 三个世代即可获得同时具有四个抗性基因的个体。国际水稻所的 Mackill 利用 MAS 对水稻稻瘟病抗性基因 *Pi-1*、*pi-z5*、*pi-ta* 进行垒集，获得了抗两种或三种小种的品系。

利用 RAPD 与 RFLP 标记，Yoshimura 等已将水稻白叶枯抗性基因 *Xa1*、*Xa3*、*Xa4*、*Xa5* 与 *Xa10* 等基因进行了不同方式的聚合。在水稻中已将含有抗白叶枯基因 *Xa21* 的材料与抗虫基因材料杂交，利用 *Xa21* 的 STS 标记获得了同时具有 *Xa21* 和抗虫基因的材料。通常应用 MAS 聚合不同基因时，F_2 分离群体大小应以 200 ～ 500 株为宜，先对易操作的分子标记进行初选，再进行复杂的 RFLP 验证，可提高聚合效率。

随着育种目标的多样性，为了选育出集高产、优质、抗病虫等优良性状于一身的作物新品种，应考虑目标性状标记筛选时亲本选择的代表性，即最好选择与育种直接有关的亲本材料，所构建群体也最好既是遗传研究群体，又是育种群体，在此基础上，多个目标性状的聚合需通过群体改良的方法实现。毋庸置疑，分子标记技术赋予了群体改良新的内涵，借助于分子标记技术可快速获得集多个目标农艺性状于一身的作物新品种。

南京农业大学棉花研究所在多目标性状聚合的修饰回交方法育种的基础上，提出了 MAS 的修饰回交聚合育种方法。修饰回交是将杂种品系间杂交和回交相结合的一种方法，即回交品系间的杂交法。将各具不同优良性状的杂交组合分别和同一轮回亲本进行回交，获得各具特点的回交品系，再把不同回交品系进行杂交聚合。目前用分子标记技术可对目标性状进行前景选择，对轮回亲本的遗传背景进行背景选择，就可以达到快速打破目标性状间的负相关，获得聚合多个目标性状新品系的目的（图 5-4）。

$A \times B$　　$A \times C$　　$A \times D$　　$A \times E……$

$F_1 \times A$　　$F_1 \times A$　　$F_1 \times A$　　$F_1 \times A……$　标记辅助选择目标基因和遗传背景

$BC_1 \times A$　　$BC_1 \times A$　　$BC_1 \times A$　　$BC_1 \times A$　标记辅助选择目标基因和遗传背景

$BC_2 \times A$　　$BC_2 \times A$　　$BC_2 \times A$　　$BC_2 \times A$　标记辅助选择目标基因和遗传背景

$BC_3A(B) \quad \times \quad BC_3A(C)$　　$BC_3A(D) \quad \times \quad BC_3A(E)$　标记辅助选择聚合目标基因

$A(BC)$　　　　　　$\times$　　　　　　$A(DE)$

标记辅助选择聚合目标基因

$A(BCDE)$

新品种

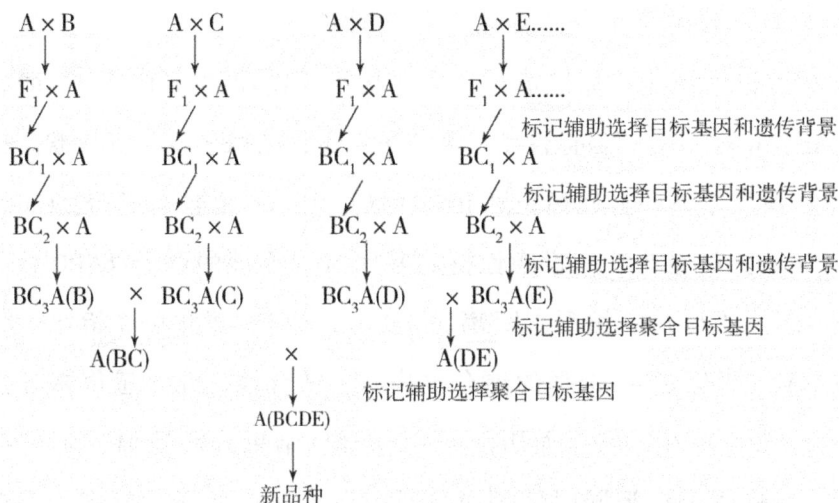

图 5-4　分子标记辅助选择的修饰回交聚合育种示意图

A：轮回亲本　B、C、D、E：分别代表各自育种目标性状基因的品系或种质系

三、提高分子标记的筛选效率

（一）多重 PCR 方法

为了增加标记的筛选效率，当同时筛选到与 2 个或 2 个以上目标性状连锁的几个不同的分子标记时，如果这几个分子标记的扩增产物具有不同长度，则一对以上的引物可在同一 PCR 条件下同时反应，这称为多重扩增。利用这种方法时需注意，设计或选择引物时，必须考虑各引物复性温度是否相匹配，且在扩增产物的大小上无重叠。研究表明，多重扩增使用 Taq 酶量与一个引物扩增用量相同。这显著地降低了选择成本费用和筛选时间。如 Ribaut 等将筛选到的与热带玉米抗旱基因 QTL 连锁的 1 个 STS，2 个 SSR 标记使用多重扩增方法用于 MAS 选择，以改良其耐旱性，两人仅用了一个月就从 BC_2F_1 的 2300 个单株中选出 300 个目标单株。

（二）用相斥相分子标记进行育种选择

所谓相斥相分子标记指与目标性状相斥连锁的分子标记，即有分子标记，植株不表现目标性状；无分子标记，植株表现目标性状。这些选择特别是在一些显性标记如 RAPD 标记中，效果较为显著。Haley 等找到与菜豆普通花叶病毒隐性抗病基因 *bc-3* 连锁的两个 RAPD 标记，其中标记 –1 与 *bc-3* 相引，距离为 1.9cM；标记 –2 与 *bc-3* 相斥，距离为 7.1cM。用标记 –1 选择的纯合抗病株、杂合体、纯合感病株分别占 26.3％、72.5％和 1.2％。而用标记 –2 选择的结果分别是 81.8％，18.2％和 0。当将两个标记同时使用时，即相当于一个共显性标记。其选择效果与单独使用标记 –2 的选择效果一致。一般认为，在育种早代选择中，利用相斥相的 RAPD 标记，与共显性的 RFLP 标记具有相似的选择效果。

（三）克服连锁累赘

回交育种是作物育种常用的育种方法，但回交育种中长期存在的问题是在回交过程中，目的基因与其附近的非目的基因存在连锁，一起导入受体，这种现象称为连锁累赘（Linkage drag）。利用与目标性状紧密连锁的分子标记进行辅助选择可以显著地减轻连锁累赘的程度。如在大约 150 个回交后代中，至少有一个植株在其目的基因左侧或右侧 10cM 范围内发生一次交换的可能性为 95％，利用 RFLP 标记可以精确地选择出这些个体；在另一个有 300 个植株的回交群体中，有 95％的可能在被选择基因另一侧 1cM 范围内发生一次交换，从而产生目的基因大于 2cM 的片段。这个结果用 RFLP 选择只需 2 个世代就能够得到；而传统的方法可能平均需要 100 代。随着分子标记图谱的更加密集，选择重组个体的效率将进一步提高。因此，高密度的作物分子遗传图谱的构建是加速作物育种进程所必需的。

（四）降低 MAS 育种的成本

进行 MAS，首先是需把与目标基因（性状）紧密连锁（或共分离）的分子标记如 RFLP、RAPD 等转化为 PCR 检测的标记。然后设法降低 PCR 筛选成本。可从以下几方面考虑。

（1）样品 DNA 提取。采用微量提取法如利用小量组织或半粒种子且不需液氮处理的 DNA 提取技术。且在提取过程中不利用特殊化学药品，降低提取缓冲液成本。

（2）减少 PCR 反应时的体积。如反应时的体积从 $25\,\mu L$ 减到 $15\,\mu L$ 甚至 $10\,\mu L$。

（3）琼脂糖（Agrose）凝胶。实验表明同一琼脂糖凝胶可以多次电泳载样，而不会造成样品间互相干扰。

（4）扩增产物检测。通常 PCR 扩增产物用 EB 染色，LTV 观测，使用 Polaroid film 照相系统。利用这种观测方法，不仅有致癌诱导剂，而且 UV 射线对眼睛损害很大，照相系统花费也很高。通过改造染色系统，利用亚甲蓝（Methylene blue）染琼脂糖凝胶，可直接在可见光下检测。甚至若 PCR 扩增产物仅一种，则无须电泳，只需在反应管中加入 EB，紫外灯下直接根据反应即可鉴定出目标基因型，大大降低了标记辅助选择成本，非常有利于大规模育种。这在中国春小麦 *Ph1b* 基因的 SCAR 标记筛选上已有成功尝试。

近十年来，分子标记的研究已经得到快速发展，在许多作物中已定位了很多重要性状的基因，但育成品系或品种的报道还相对较少。究其原因主要有：①标记信息的丢失，即标记仍然存在，但由于重组使标记与基因分离，导致选择偏离方向；② QTL 定位和效应估算的不精确性；③上位性的存在，由于 QTL 与环境、QTL 与 QTL 间存在互作，导致不同环境、不同背景下选择效率发生偏差；④标记鉴定技术有待进一步提高。尽管近年来标记鉴定技术在实用性及降低成本方面都得到了很大发展，但对于大多数实验室来说，MAS 还是一项费时耗资的工作。尽管目前 MAS 的成功应用还存在诸多困难，但 MAS 在未来作物育种中的作用是毋庸置疑的。相信在不久的将来，随着分子生物技术的进一步发展以及各种作物图谱的日趋饱和，MAS 会发挥它应有的作用。

第六章　分子标记辅助选择育种的技术选择

分子标记辅助选择的核心是将常规育种中表型的评价、选择转换为分子标记基因型的鉴定、选择，选择效果除了受分子标记与目标性状之间连锁程度的影响外，还与目标性状的性质即质量性状和数量性状有关。尽管质量性状和数量性状分子标记选择的原理是一致的，但是采取的策略有所不同。

第一节　质量性状选择

传统的表型选择方法对质量性状而言多数是有效的，因为质量性状通常受一个或几个主效基因控制，不易受环境的影响，一般具有显隐性。但对许多重要的农艺性状，如抗病性、抗虫性、条件育性等性状通过表型进行选择往往受到一定的限制，如在以下三种情况，采用标记辅助选择可提高选择效率：①当表型的测量在技术上难度较大或费用太高时；②当表型只能在个体发育后期才能测量，但为了加快育种进程或减少后期工作量，希望在个体发育早期就进行选择时；③除目标基因外，还需要对基因组的其他部分（即遗传背景）进行选择时。另外，有些质量性状不仅受主基因控制，而且受一些微效基因的修饰作用，易受环境的影响，表现出类似数量性状的连续变异（如植物抗病性）。这类性状的遗传表现介于典型的质量性状和典型的数量性状之间，所以有时又称之为质量—数量性状。而育种习惯上把它们作为质量性状来对待。这类性状的表型往往不能很好地反映其基因型，如果仍按传统育种方法，依据表型对其进行选择，效率很低。因此，分子标记辅助选择对这类性状就特别有用。

质量性状标记辅助选择的基本方法主要有前景选择和背景选择。对目标基因的选择称为前景选择，这是标记辅助选择的主要方面。前景选择的可靠性主要取决于标记与目标基因间连锁的紧密程度。若只用一个标记对目标基因进行选择，则要求标记与目标基因间的连锁必须非常紧密才能够达到较高的正确率。若要求选择正确率达到 90% 以上，则标记与目标基因间的重组率必须不大于 5%。当重组率超过 10% 时，选择正确率已降到 80% 以下。如果不要求中选的所有单株都是正确的，而只要求在选中的植株中至少有一株是具有目标基因型的，那么，即使标记与目标基因只是松弛连锁的，也会对选择有较大帮助。即使重组率高达 30%，也只需选择 7 株具有标记基因型的植株，就有 99% 的把握能保证其中有 1 株为目标基因型；而如果不用标记辅助选择（相当于标记与目标基因间无连锁，重组率为 0.5），则至少需选择 16 株。

同时用两侧相邻的两个标记对目标基因进行跟踪选择，可大大提高选择的正确率。需要指出的是，在实际情况中，单交换间总是存在相互干扰的，这使得双交换的概率更小，因而双标记选择的正确率要比理论期望值更高。对基因组中除了目标基因之外的其他部分（即遗传背景）的选择，称为背景选择。与前景选择不同的是，背景选择的对象几乎包括了整个基因组，因此，这就要求有一张完整的分子标记连锁图。使人们对每一个体的基因组成情况一目了然。孟金陵等认为，通过分子标记辅助选择技术，借助饱和的分子标记连锁图，对各选择单株进行整个基因组的组成分析，进而可以选出带有多个目标性状而且遗传背景良好的理想个体。

由于目标基因是选择的首要对象，因此一般应首先进行前景选择，以保证不丢失目标基因，然后再对中选的个体进一步进行背景选择，以加快育种进程。

第二节　数量性状选择

作物育种的目标性状（如产量、品质等）多为数量性状，因此，对数量性状的遗传操纵能力决定了作物育种的效率。数量性状的表型与基因型之间往往缺乏明显的对应关系，表型不仅受生物体内部遗传背景的影响，还受外界环境的影响。理论上来说，运用分子标记辅助选择，育种者可以在不同发育阶段、不同环境中直接根据个体基因型进行选择，既可以选择到单个主效 QTL，也可以选择到所有与性状有关的微效基因位点，从而避开环境因素和基因间互作带来的影响。

原则上讲，对质量性状适用的分子标记辅助选择方法也适用于数量性状的选择，然而数量性状的选择要比质量性状复杂得多，数量性状往往涉及多个 QTL，每个 QTL 对目标性状的贡献率不一样，性质也会有差异。因此，首先要确定最佳的技术路线，将各个 QTL 分类排列，在充分考虑各个 QTL 之间互作的基础上，画出图示基因型，然后根据图示基因型决选试材。在比较复杂的情况下，先针对少数主效 QTL 实施选择更容易在短期内取得较为理想的效果。目前，QTL 定位的基础研究还不能完全满足育种的需要，这是因为多数 QTL 还停留在初级定位，只有少数 QTL 被精细定位和克隆。

另外，上位性效应也可能影响选择的效果，使选育结果不符合预期的目标。不同数量性状间还可能存在着遗传相关，对一个性状选择的同时还要考虑对其他性状的影响。

　　数量性状的选择通常采用表型值选择、标记值选择、指数选择和基因型选择几种方法。表型值选择是传统育种的选择方法，标记值选择和指数选择都是依据个体的基因型值中的加性效应分量，而非个体的基因型本身，所以表型值选择、标记值选择及指数选择都没有做到对基因型的直接选择。所以更有效的方法应该像质量性状的标记辅助选择一样，利用其两侧相邻的标记或单个紧密连锁标记的基因型进行选择（基因型选择）。

　　Hospital 和 Charcosset 建议，对每个目标 QTL 最好用三个相邻的连锁标记进行跟踪选择。这三个标记的最佳位置应根据目标 QTL 的位置置信区间来决定。一般而言，中间一个标记最好处于非常靠近或正好位于估计的 QTL 位置上，而另外的两个标记则近乎对称地位于两侧。研究表明，在回交育种中，若用最佳位置的标记来跟踪目标 QTL，则一个包括几百个个体的群体就足以将 4 个互相独立的 QTL 的有利等位基因从供体亲本转入到受体亲本。若 QTL 间存在连锁、QTL 定位精确或使用更大的群体，则可同时转移更多的 QTL。在选择 QTL 的同时，同样也可以利用分子标记进行背景选择，使背景更快地回复到轮回亲本的基因组，加快育种进程。

　　目前，在育种实践中，数量性状的分子标记辅助选择应以针对单个性状遗传改良的回交育种计划为重点，理论和操作上相对比较简单，因为这只涉及将有关有利的 QTL 基因从供体亲本转移到受体亲本的过程。在选育策略上，针对育种的目标性状，选择拥有多个有利基因的材料作为供体亲本，而以改良的优良品种作为受体亲本，在选育过程中，可以在回交一代对目标性状进行定位，然后以该定位指导各世代中的个体选择，这样

QTL 定位和分子标记辅助选择就能够有机结合起来。Tanksley 和 Nelson 提出高代回交 QTL 分析的策略，通过回交 2 代或 3 代，建立一套受体亲本的近等基因系，其遗传背景来自受体亲本，其中某个染色体片段来自供体亲本。通过分子标记分析，借助饱和的分子标记连锁图谱，可以确定各个近等基因系所拥有的供体亲本染色体片段。这样可以对有关的 QTL 进行精细定位，根据精细定位的结果可以提高标记选择的可靠性。在这些近等基因系中，有些优良的改良品系有可能直接被应用于生产实践。而且，不同近等基因系的进一步杂交选择，聚合有利基因，可能培育出新的优良品系。

　　数量性状的标记辅助选择技术还可以应用于同时改良多个品种的更为复杂的育种计划。这可以通过三个阶段来完成。第一阶段，针对育种目标，通过双列杂交或 DNA 指纹等方法，从优良的品种中选出彼此间在目标性状上表现为最大遗传互补的亲本系。第二阶段，将中选的亲本系与测交系杂交，建立一个作图群体和分子标记连锁图，并进行田间试验，定位目标性状的 QTL，同时，将中选的亲本互相杂交，建立一个较大的 F_1 代育种群体，然后根据 QTL 的定位结果，在 F_2 代育种群体中进行大规模的分子标记辅助选择，选出目标染色体上彼此互补的有利基因纯合的个体，目标个体自交建立 F_3 代株系。第三阶段，在标记辅助选择得到的 F_3 代株系的基础上，进一步应用常规育种方法培育出新的品系。影响数量性状分子标记辅助选择的因素很多，关键是 QTL 定位的基础研究，包括分子标记与目标性状连锁程度、不同等位基因的遗传效应以及不同 QTL 之间的互作关系。因此对数量性状的选择难度要比质量性状大得多，尤其是对多个 QTL 进行选择。

第三节　基因转移

基因转移（gene transfer）或基因渗入（gene transgression）是指将供体亲本（一般为地方品种、特异种质或育种中间材料等）中的优良基因（即目标基因）渗入到受体亲本遗传背景中，从而达到改良受体亲本个别性状的目的。育种过程中采用分子标记技术与回交育种相结合的方法，可以快速地将与分子标记连锁的基因转移到另一个品种中，在这一过程中可同时进行前景选择和背景选择。

通过与目标基因紧密连锁的标记做前景选择，跟踪供体基因是否转移到后代，同时利用染色体上均匀分布的分子标记做基因组背景选择，使目标等位基因在回交过程中处于杂合状态，而其他位点的基因型与轮回亲本相同。从回交一代中选择出一些染色体纯合而目标基因是杂合的个体，进行再次回交（可以回交多次）。对在以前世代中已检测是纯合的染色体可少用或不用标记进行检测。前景选择的作用是保证从每一个回交世代中选出来作为下一轮回交亲本的个体都包含目标基因，而背景选择则是为了加快遗传背景回复成轮回亲本基因组的速度，以缩短育种年限。理论研究表明，背景选择的这种作用是十分显著的。Tanksley 等研究表明，在一个个体数目为 100 的群体中，以 100 个 RFLP 标记辅助选择，只要三代就可使后代的基因型回复到轮回亲本的 99.2%，而随机选择则需要 7 代才能达到这个效果。背景选择的另外一个重要作用是，可以避免或减轻连锁累赘这个长期困扰作物育种的难题。连锁累赘是指由于目标基因与其他不利基因间的连锁，使回交育种在导入有利基因的同时也带入了不利基因，常常造成性状改良后的新品种与预期目标不一致。传统回交育种难以消除连锁累赘的主要原因是无法鉴别目标基因附近所发生的遗传重组，因而只能靠碰巧来选择消除了连锁累赘的个体。利用高密度的分子标记连锁图就能够直接选择到在目标基因附近发生了重组的个体。理论上，若目标基因的片段在2cM 的标记区间内，通过连续两个世代，每轮对 300 个个体进行分子标记分析，即可达到目的基因被转移，其他供体染色体片段被排除的目的。然后对这些回交个体进行自交，就可以得到目标株系。在整个分析过程中还可以用图示基因型方法监测基因组的变化，指导后代株系的自交或与轮回亲本的杂交。另外，由于可进行早期（如苗期）的分子标记分析，可以大量减少每个世代植株的种植数量。当然，应用分子标记消除连锁累赘的一个重要前提是必须对目标性状进行精细定位，找到与目标基因紧密连锁的分子标记。

需要指出的是，尽管利用分子标记对背景选择效率很高，但在育种实践中，应将育种家丰富的选择经验与标记辅助选择相结合，依据个体表型进行背景选择的传统方法仍不应抛弃。此外，基因定位研究与育种应用脱节是限制分子标记辅助选择技术应用到育种中的一个主要原因。大部分研究的最初目的都只是为了定位目标基因，在实验材料选择上只考虑研究的方便，而没有考虑与育种材料的结合，致使大部分研究只停留在基因定位上，未能应用到育种实践中。为了使基因定位研究成果尽快服务于育种，应注意基因定位群体与育种群体相结合。对于质量性状，其标记辅助选择的理论和技术都已比较成熟，今后研究的重点更应是实际应用。例如，在定位一个有用的主基因时，杂交亲本之一最好为一个已推广应用的优良品种，这样，在定位目标主基因的同时，即可应用标记辅助选择，使原优良品种得到改良。

第四节　基因聚合

作物的有些农艺性状的表达呈基因累加作用，即集中到某一品种中的同效基因越多，则性状表达越充分。例如，把抗同一病害的不同基因聚集到同一品种中，可以增加该品种对这一病害的抗谱，获得持续抗性。基因聚合（gene pyramiding）就是利用分子标记技术，通过杂交、回交、复合杂交等手段将分散在不同供体亲本中的有利基因聚合到同一个品种中。为了提高基因聚合育种效率，最好以一个优良品种为共同杂交亲本，以便在基因聚合的同时，也使优良品种在抗性上得到改良，既可直接应用于生产，又可作为多个抗病基因的供体亲本，用于育种。在进行基因聚合时，一般只考虑目标基因，即只进行前景选择而不进行背景选择。

基因聚合在作物抗病育种上的应用最为成功，植物抗病性分为垂直抗性和水平抗性两种。其中垂直抗性受主基因控制，抗性强，效应明显，易于利用。但垂直抗性一般具有小种特异性，所以易因致病菌优势小种的变化而丧失抗性。如果能将抵抗不同生理小种的抗病基因聚合到一个品种中，那么该品种就具有抵抗多种生理小种的能力，亦即具有多抗性，不容易丧失抗性。多抗性还可指一个品种具有抵抗多种病害的能力，这同样也涉及聚合不同抗性基因的问题。传统的表型鉴定和分小种接种鉴定对试验条件和技术要求较高，难以准确、快速地选择具有两个以上抗性基因的个体。借助分子标记技术，可以首先寻找抗病基因的连锁标记，通过检测与不同基因型连锁的标记来判断个体是否含有某一基因，这样不但可以通过多次杂交或回交将不同抗性基因聚合在一个材料中，而且避免了对不同抗性基因分别做人工接种鉴定的困难，是培育广谱持久抗性的有效途径之一。

第五节　全基因组选择

MAS 在应用中存在的一个问题是，在构成表型性状的所有变异中，分子标记辅助选择只捕获其中很有限的一部分变异，即主效基因所带来的那部分变异，而小效应累加起来所带来的变异却被忽视了。为了捕获构成表型的所有遗传变异，其中的一个途径就是在基因组水平上检测影响目标性状的所有 QTL，并对其利用，这就是全基因组选择（genomic selection，即 GS）。

GS 首先利用测试群体"training population"中具有基因型和表现型的个体，基因型结合表型性状以及系谱信息，建立数学模型，再把候选群体里的基因型数据代入到数学模型中，产生基因组育种值估计值（genomic estimated breeding value，即 GEBV）。这些 GEBV 与控制表型的基因功能无任何关系，但却是理想的选择标准。模拟研究表明，只依赖个体基因型的 GEBV 十分准确，并且已在奶牛、小鼠、玉米、大麦中得到证实。随着基因型检测成本的下降，GS 使个体的选择远远早于育种周期，将会成为动植物育种的一次革命。

全基因组选择的思路最早由 Meuwissen 等于 2001 年提出。全基因组选择简单来讲就是全基因组范围内的标记辅助选择。具体来说，就是利用覆盖整个基因组的标记（主要指 SNP 标记）将染色体分成若干个片段，即每相邻的两个标记就是一个染色体片段，然后通过标记基因型结合表型性状以及系谱信息分别估计每个染色体片段的效应，最后利用个体所携带的标记信息对其未知的表型信息进行预测，即将个体携带的各染色体片段的效应累加起来，进而估计基因组育种值并进行选择。

全基因组选择主要利用的是连锁不平衡信息，即假设每个标记与其相邻的 QTL 处于连锁不平衡状态，因而利用标记估计的染色体片段效应在不同世代中是相同的。由此可见，标记的密度必须足够高，以确保控制目标性状的所有的 QTL 与标记处于连锁不平衡状态。随着水稻、玉米、大豆等作物基因组测序及 SNP 图谱的完成，确保了有足够高的标记密度，而且由于大规模高通量的 SNP 检测技术也相继建立和应用（如 SNP 芯片技术等），SNP 分型的成本明显降低，因此使全基因组选择方法的应用成为可能。

基因组研究产生了一系列新的工具，如功能分子标记、生物信息学，能为育种提供高效和正确的统计和遗传信息，所有重要农艺性状基因的等位性、遗传机制、调控网络的解析，为全基因组选择提供了巨大的潜力。在全基因组层次建立性状与标记的关联性，进一步通过全基因组选择，以实现功能基因组研究与育种实践的有效结合。分子标记辅助选择育种将逐步进入全基因组选择育种时代，实现全基因组设计育种和选择。

第六节　分子设计育种

传统育种过程中，育种工作者们潜意识地利用设计的方法组配亲本、估计后代的种植规模、选择优良后代。Peleman 等首先提出了"设计育种"的概念，他认为以作物分子标记技术及生物信息学分析技术为支撑，作物分子育种的发展可分为三步：①大量农艺性状的 QTL 定位；②数量性状位点的等位性变异评价；③依据计算机模拟及分子标记辅助选择开展设计育种。作物分子设计是以分子设计的理论为指导，通过运用各种生物信息和基因操作技术，从基因到整体的不同层次对目标性状设计与操作，实现优良基因的最佳配置，培育出综合性状优良的新品种。通过分子设计育种策略，育种家可以对育种程序中的各种因素进行模拟筛选和优化，提出最佳的亲本选择和后代选择策略，大大提高育种效率，实现从传统的"经验育种"到定向的"精确育种"的转变。

在开展作物分子设计育种研究的同时，分子设计育种的内涵进一步明确，分子设计育种技术体系初步建立起来。概括来说，首先，分子设计育种的前提就是发掘控制育种性状的基因，明确不同基因的表型效应、基因与基因及基因与环境之间的相互作用；其次，在 QTL 定位和各种遗传研究的基础上，利用已经鉴定出的各种重要育种性状基因的信息，包括基因在染色体上的位置、遗传效应、基因间的互作、基因与背景亲本及环境之间的互作等，模拟预测各种可能基因型的表型，从中选择符合特定育种目标的理想基因型；最后，分析达到目标基因型的途径，制订生产品种的育种方案，利用设计育种方案开展育种工作，培育优良品种。

近年来，主要作物的基因组学研究，特别是水稻、玉米、高粱、小麦基因组学研究取得了巨大成就，基因定位和 QTL 作图研究为分子设计育种奠定了良好的基础，计算机技术在作物遗传育种领域的广泛应用为分子设计育种提供了有效的手段。

第七章　分子标记辅助选择

选择是育种中最重要的环节之一。所谓选择，是指在一个群体中选择符合要求的基因型。但在传统育种中，选择的依据通常是表现型而非基因型，这是因为人们无法直接知道个体的基因型，只能从表现型加以推断。也就是说，传统育种是通过表现型间接对基因型进行选择的。这种选择方法对质量性状而言一般是有效的，但对数量性状来说，则效率不高，因为数量性状的表现型与基因型之间缺乏明确的对应关系。即使是质量性状，有的也可能会因为表型测量难度较大或误差较大而造成表型选择的困难。另外，在个体发育过程中，每一性状都有其特定的表现时期。许多重要的性状（如产量和品质）都必须到发育后期或成熟时才得以表现，因而选择也只能等到那时才能进行。这对于那些植株高大、占地多、生长季长的作物，特别是果树之类的园艺作物，显然是非常不利的。总之，传统的基于表型的选择方法存在许多缺点，效率较低。要提高选择的效率，最理想的方法应是能够直接对基因型进行选择。

分子标记为实现对基因型的直接选择提供了可能，因为分子标记的基因型是可以识别的。如果目标基因与某个分子标记紧密连锁，那么通过对分子标记基因型的检测，就能获知目标基因的基因型。因此，我们能够借助分子标记对目标性状的基因型进行选择，这称为标记辅助选择（MAS）。这是分子标记在育种中应用的最主要方面。

第一节　质量性状的标记辅助选择

如前所述，传统的表型选择方法对质量性状一般是有效的，因为质量性状的表现型与基因型之间通常存在清晰可辨的对应关系。因此，在多数情况下，对质量性状的选择无须借助于分子标记。但对于以下三种情况，采用标记辅助选择可提高选择效率：①当表现型的测量在技术上难度很大或费用太高时；②当表现型只能在个体发育后期才能测量，但为了加快育种进程或减少后期工作量，希望在个体发育早期（甚至是对种子）就进行选择时；③除目标基因外，还需要对基因组的其他部分（即遗传背景）进行选择时。另外，有些质量性状不仅受主基因控制，而且受到一些微效基因的修饰作用，易受环境的影响，表现出类似数量性状的连续变异。许多常见的植物抗病性都表现为这种遗传模式。这类性状的遗传表现介于典型的质量性状和典型的数量性状之间，所以有时又称之为质量—数量性状。不过，育种上感兴趣的主要还是其中的主基因，因此习惯上仍把它们作为质量性状来对待。这类性状的表型往往不能很好地反映其基因型，所以按传统育种方法，依据表型对其主基因进行选择，有时相当困难，效率很低。因此，标记辅助选择对这类性状就特别有用。一个典型的例子是大豆孢囊线虫病抗性的标记辅助育种。

本节首先介绍质量性状标记辅助选择的基本方法（前景选择和背景选择），然后介绍它们在育种上的应用（基因聚合和基因转移）。

一、前景选择

对目标基因的选择称为前景选择（foreground selection），这是标记辅助选择的主要方面。前景选择的可靠性主要取决于标记与目标基因间连锁的紧密程度。若只用一个标记对目标基因进行选择，则标记与目标基因间的连锁必须非常紧密，才能够达到较高的正确率。假设某标记座位（M/m）与目标基因座位（Q/q）连锁，重组率为 r，F_1 代基因型为 MQ/mq，其中 Q 为目标等位基因，亦即要选择的对象。由于 M 与 Q 连锁在一起，因此在后代中可通过 M 来选择 Q。在 F_2 代通过选择标记基因型 M/M 而获得目标基因型 Q/Q 的概率（即单株选择的正确率）为：

$$p=(1-r)^2 \qquad\qquad (7-1)$$

从式（7-1）中可以看出，选择正确率随重组率的增加而迅速下降（图7-1）。若要求选择正确率达到 90% 以上，则标记与目标基因间的重组率必须不大于 0.05。当重组率超过 0.10 时，选择正确率已降到 80% 以下。不过，如果我们并不要求中选的所有单株都是正确的，而只要求在选中的植株中至少有一株是具有目标基因型的，那么，即使标记只是松弛地与目标基因连锁，对选择仍然会很有帮助。如果要求至少选到一株目标基因型的概率为 P，则必须选择具有标记基因型 M/M 的植株的最少数目为：

$$n=\log(1-P)/\log(1-p) \qquad\qquad (7-2)$$

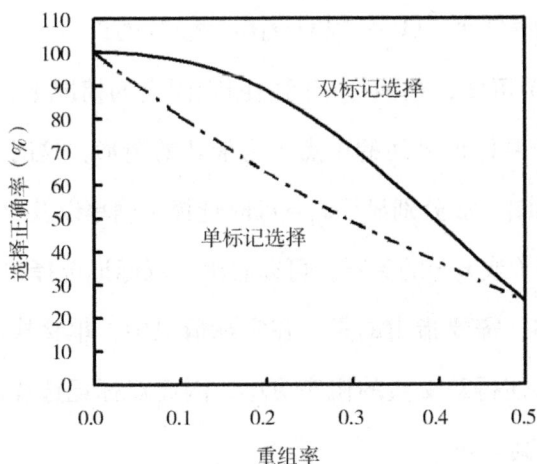

图 7-1　标记与目标基因间的重组率与 F_2 群体中标记辅助选择正确率的关系

式（7-2）给出了要求 $P=0.99$ 时，所要求的最少株数与重组率的关系。由图可见，即使重组率高达 0.3，也只需选择 7 株具有基因型 M/M 的植株，就有 99% 的把握能保证其中有 1 株为目标基因型；而如果不用标记辅助选择（相当于标记与目标基因间无连锁，重组率为 0.5），则至少需选择 16 株。

同时用两侧相邻的两个标记对目标基因进行跟踪选择，可大大提高选择的正确率。假设有两个标记座位（M_1/m_1 和 M_2/m_2）各位于目标基因座位（Q/q）的一侧，与目标基因间的重组率分别为 r_1 和 r_2，F_1 代的基因型为 M_1QM_2/m_1qm_2。那么，F_1 产生的标记基因型为 M_1M_2 的配子具有两种类型，一种包含目标等位基因（M_1QM_2），为亲本型，另一种包含非目标等位基因（M_1qM_2），为双交换型。由于双交换发生的概率很低，因此双交换型配子的比例很小，绝大部分应为亲本型配子。所以，在后代中通过同时跟踪 M_1 和 M_2 来选择目标等位基因 Q，正确率必然很高。在单交换间无干扰的情况下，可以推得，在 F_2 代通过选择标记基因型 M_1M_2/M_1M_2 而获得目标基因型 Q/Q 的概率为：

$$p=(1-r_1)^2(1-r_2)^2/[(1-r_1)(1-r_2)+r_1r_2]^2 \qquad (7-3)$$

从式（7-3）可知，在两标记间的图距固定的情况下，$r_1=r_2$（亦即目标基因正好位于两标记之间的中点）为最坏的情形，这时的选择正确率为最小。图 7-1 和图 7-2 分别显示 $r_1=r_2$ 时选择正确率以及 $P=0.99$ 时所要求的最少株数与 r_1（或 r_2）的关系。可以看出，双标记选择的正确率确实比单标记选择高得多。需要指出的是，在实际情况中，单交换间一般总是存在相互干扰的，这使得双交换的概率更小，因而双标记选择的正确率要比上述理论期望值更高。

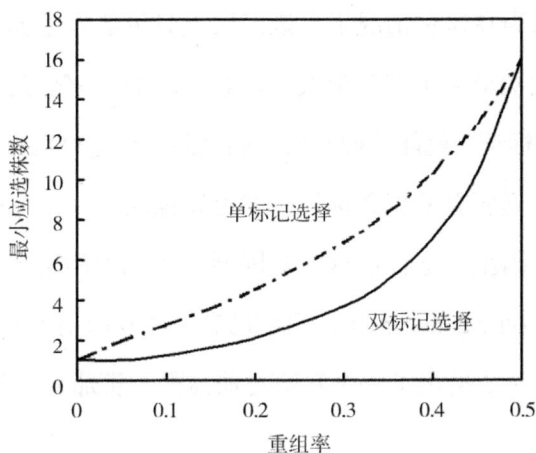

图 7-2　标记与目标基因间的重组率与 F_2 群体中标记辅助选择最小应选株数的关系

二、背景选择

对基因组中除了目标基因之外的其他部分（即遗传背景）的选择，称为背景选择（background selection）。与前景选择不同的是，背景选择的对象几乎包括了整个基因组，因此，这里牵涉一个全基因组选择的问题。在分离群体（如 F_2 群体）中，由于在上一代形成配子时同源染色体之间会发生交换，因此每条染色体都可能是由双亲染色体重新组装成的嵌合体。所以，要对整个基因组进行选择，就必须知道每条染色体的组成。这就要求用来选择的标记能够覆盖整个基因组，也就是说，必须有一张完整的分子标记连锁图。当一个个体中覆盖全基因组的所有标记的基因型都已知时，就可以推测出各个标记座位上等位基因的可能来源（指来自哪个亲本），进而可以推测出该个体中所有染色体的组成。考虑一条染色体，如果两个相邻标记座位上的等位基因来自不同的亲本，则说明在这两个标记之间的染色体区段上发生了单交换或更高的奇数次交换；如果两标记座位上的等位基因来自同一个亲本，则可近似认为这两个标记之间的染色体区段也来自这个亲本，因为在这种情况下，该区段上只可能发生偶数次交换，而即使是最低的偶数次交换（即双交换），其发生的概率也是很小的。这样，根据两个相邻的标记，就能够推测出它们之间的染色体区段的来源和组成。将这个原理推广到所有的相邻标记，就可以推测出一个反映全基因组组成状况的连续的基因型，这种连续的基因型能直观地用图形表示出来，称为图示基因型（graphic genotype）。目前已有一些专门用于绘制图示基因型的计算机软件。图 7-3 给出了一个栽培番茄与野生番茄杂交的 F_2 个体的图示基因型。

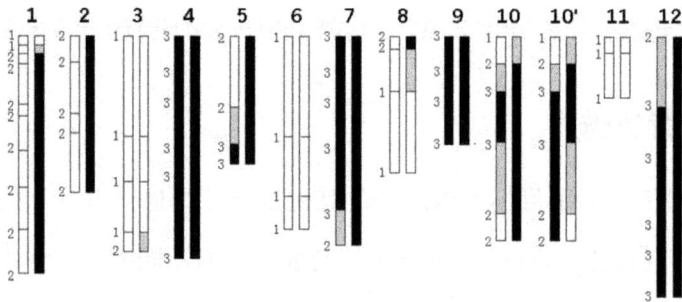

图 7-3 一个栽培番茄 × 野生番茄的 F_2 个体的图示基因型。

共 12 对染色体，白色表示来自栽培番茄的区段，黑色表示来自野生番茄的区段，灰色表示发生了单交换的区段，横杠表示标记所在位置。每对染色体左边数字表示标记的基因型，1 为栽培番茄基因型，2 为杂合基因型，3 为野生番茄基因型。染色体 10 有两种可能的图示基因型（引自 Young and Tanksley，1989，并作修改）。

图示基因型使人们对每一个体的基因组组成情况一目了然，大大方便了对遗传背景的选择。在标记辅助选择中，根据图示基因型，可以同时对前景和背景进行选择。由于目标基因是选择的首要对象，因此一般应首先进行前景选择，以保证不丢失目标基因，然后再对中选的个体进一步进行背景选择，以加快育种进程。

三、基因聚合

基因聚合（gene pyramiding）就是将分散在不同品种中的有用基因聚合到同一个基因组中。这在抗病育种中是一个重要的育种目标。植物抗病性分为垂直抗性和水平抗性两种，其中垂直抗性受主基因控制，抗性强，效应明显，易于利用。但垂直抗性一般具有小种特异性，所以易因致病菌优势小种的变化而丧失抗性。如果能将抵抗不同生理小种的抗病基因聚合到一个品种中，那么该品种就具有抵抗多种生理小种的能力，亦即具有多抗性，这样就不容易因致病菌优势小种的变化而丧失抗性。多抗性还可指一个品种具有抵抗多种病害的能力，这同样也牵涉到聚合不同抗性基因的问题。

抗性鉴定需要人工接种，必须在一定的发育时期进行，并要求严格控制接种条件，因此往往比较麻烦。特别是，在基因聚合过程中，必须对不同的抗性基因分别进行鉴定，更增加了实际操作上的难度。有时还可能因手头缺乏某种所需的致病菌菌株而使抗性鉴定难以进行。用标记辅助选择方法进行基因聚合则避免了上述困难。在进行基因聚合时，通常只关注目标抗性基因，即只进行前景选择，暂时可不理会遗传背景。下面给出一个通过标记辅助选择聚合水稻抗稻瘟病基因的实际例子。

首先是应用分子标记技术将3个抗稻瘟病基因（*Pi-2*、*Pi-1*和*Pi-4*）在水稻第6、11和12号染色体上进行定位（图7-4），然后利用连锁标记将这3个抗性基因聚合起来。基因聚合试验从3个近等基因系C101LAC、C101A51和C101PKT出发，它们分别带有*Pi-2*、*Pi-1*和*Pi-4*基因。试验方案如图7-5所示。采用该方案，已成功地获得聚合了这3个抗稻瘟病基因的植株，它们可以作为供体亲本在育种中加以利用（参见下面"基因转移"部分），可同时提供数个抗性基因。

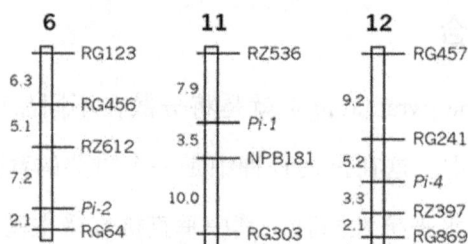

图 7-4　3 个抗稻瘟病基因 *Pi-2*、*Pi-1* 和 *Pi-4* 在水稻第 6、11 和 12 号染色体上的定位
（ 引自 Zheng et al.，1995，并作修改 ）

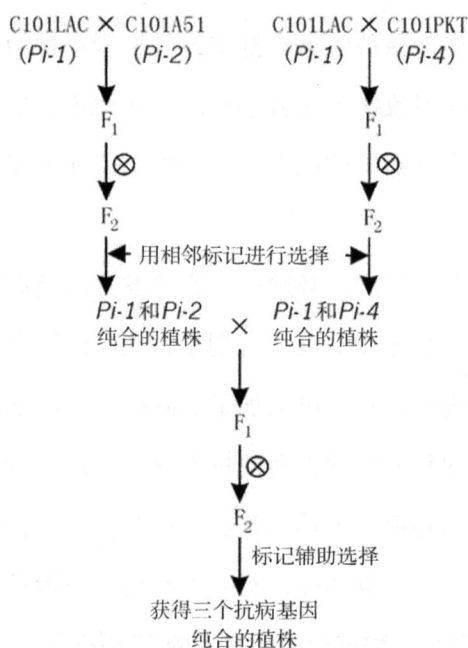

图 7-5　利用分子标记聚合 3 个抗稻瘟病基因 *Pi-2*、*Pi-1* 和 *Pi-4* 的试验方案
（ 引自 Zheng et al.，1995，并作修改 ）

四、基因转移

基因转移（gene transfer）或基因渗入（gene transgression）是指将供体亲本（一般为地方品种、特异种质或育种中间材料等）中的有用基因（即目标基因）转移或渗入到受体亲本（一般为优良品种或杂交品种亲本）的遗传背景中，从而达到改良受体亲本个别性状的目的。通常采用回交的方法，即

将供体亲本与受体亲本杂交，然后以受体亲本为轮回亲本，进行多代回交，直到除了来自供体亲本的目标基因之外，基因组的其他部分全部来自受体亲本。在这一过程中，可同时进行前景选择和背景选择。需注意的是，目标基因是来自供体亲本的，而遗传背景则是来自受体（轮回）亲本的，因此前景选择和背景选择的方向正好相反，前者称为正选择，后者称为负选择。

前景选择的作用是保证从每一回交世代选出的作为下一轮回交亲本的个体都包含目标基因，而背景选择则是为了加快遗传背景恢复成轮回亲本基因组的速度，以缩短育种年限。理论研究表明，背景选择的这种作用是十分显著的。例如，针对番茄基因组进行的计算机模拟研究显示，如果每一回交世代产生30个植株，那么，用分子标记对整个基因组进行选择，只需3代即能完全恢复成轮回亲本的基因型，而采用传统的回交育种方法则需要6代以上（图7-6）。

背景选择的另一个重要作用是，可以避免或减轻连锁累赘这个长期困扰作物育种的难题。连锁累赘是指有利基因（目标基因）与不利基因（非目标基因）间的连锁，使回交育种在导入有利基因的同时也带入了不利基因，常常造成性状改良后的新品种与原目标不一致。研究表明，在传统的回交育种中，即使回交20代，在目标基因周围还能发现长达10cM的供体亲本染色体片段，而对大多数植物来说，10cM长的染色体片段中的DNA已足够包含几百个基因。传统回交育种难以消除连锁累赘的主要原因是无法鉴别目标基因附近所发生的遗传重组，因而只能靠碰巧来选择消除了连锁累赘的个体。用高密度的分子标记连锁图就有可能直接选择到在目标基因附近发生了重组的个体。根据推算，在150个BC_1植株中，至少有一株在目标基因的某一侧1cM处发生交换的概率达到95%；而在300个BC_2植株中，至少有一株在目标基因另一侧的1cM处发生交换的概率也达到95%。因此，只要在BC_1和BC_2中进行标记辅助选择，即可得到含有目标基因的供体染色体片段长度不大于 2cM 的植株，从而只需两个回交世代就可达到基本消除连锁累赘的目的。而采用传统的育种的方法，至少需要 100 代才能达到。当然，应用分子标记消除连锁累赘的一个重要前提是，必须对目标基因进行精细定位，必须找到与目标基因非常紧密连锁的分子标记。原则上说，对于控制质量性状的主基因而言，要做到这一点并没有实质性的困难。

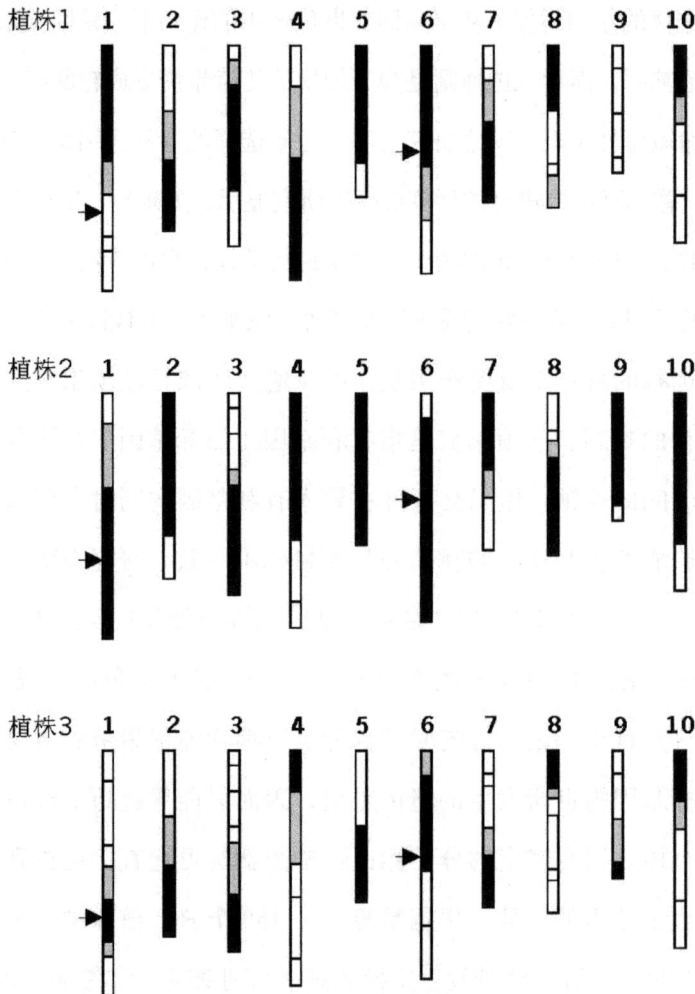

图 7-6　假想的 3 个 BC₁ 植株的图示基因型

仅画出来自 F1 的那一套染色体，黑色表示来自供体亲本的区段，白色表示来自轮回亲本的区段，灰色表示发生了单交换的区段，横杠表示标记所在位置，箭头表示目标基因所在位置。

图 7-6 给出了一个回交育种中标记辅助选择的假想例子。假设 A 品种为普通品种，但含有 2 个抗病基因，而 B 品种为综合性状好的优良品种，不含抗病基因。回交育种的目的是将 A 品种的抗病基因导入到 B 品种中。图中给出了 3 个 BC_1 植株的图示基因型。可以看出，植株 1 只含一个来自亲本 A 的抗病基因，所以在前景选择中即被淘汰。植株 2 和 3 皆含有两个抗病基因，故都符合前景选择的要求。但比较它们的图示基因型可以发现，植株 3 基因组中受体亲本 B 的成分所占的比例较大，且每个目标基因附近都发生了重组，已去除了其周围较大部分来自供体亲本 A 的染色体成分。因此，在背景选择中，以植株 3 更理想，用它作为下一轮回交的亲本，可以更快恢复成亲本 B 的基因组（除目标基因外）。

需要指出的是，尽管分子标记辅助的背景选择效率很高，但依据个体表型进行背景选择的传统方法仍不应抛弃。一个有经验的育种家通过个体外部形态进行背景选择往往可以达到相当高的效率。因此，在育种实践中，将育种家丰富的选择经验与标记辅助选择相结合，不失为明智之举。

第二节　数量性状的标记辅助选择

作为作物育种目标的大多数重要性状都是数量性状，因此，从这个意义上看，对数量性状的遗传操纵能力决定了作物育种的效率。数量性状的主要遗传特点就是表现型与基因型之间缺乏明确的对应关系，而传统的育种方法主要都是依据个体表现型进行选择的，这是造成传统育种效率不高的主要原因。因此，无论是从重要性上看，还是从必要性上看，数量性状都应成为标记辅助选择的主要对象，人们期望它能够给作物育种带来一场革命，这也是近十余年吸引了全世界众多作物遗传育种学家满怀热情地致力于该领域研究的主要原因。

原则上，质量性状的标记辅助选择方法也适用于数量性状。然而，数量性状的标记辅助选择并不像最初所想象得那么简单，有许多因素必须考虑。目前，QTL 定位的基础研究还不能满足育种的需要，还没有哪个数量性状的全部 QTL 被精确地定位出来，因此，还无法对数量性状进行全面的标记辅助选择。而要在育种过程中同时对许多目标基因（QTL）进行选择也是一个比较复杂的问题。另外，上位性效应也可能会影响选择的效果，使选育结果不符合预期的目标。再者，不同数量性状间还可能存在遗传相关。因此，在对一个性状进行选择的同时，还必须考虑对其他性状的影响。可见，影响数量性状标记辅助选择的因素很多，其难度要比质量性状大得多。

目前，对数量性状标记辅助选择的研究还主要局限在理论上，还很少有育种应用，不过，曾经也有一些令人鼓舞的研究报道（参见第三节）。要在数量性状的遗传改良上应用标记辅助选择技术，还有很多基础工作要做。本节主要介绍一些数量性状标记辅助选择理论研究的结果。为了便于比较，先简单介绍一下传统的选择方法。

一、表型值选择

传统育种对数量性状选择的依据是个体的表型值，可称为表型值选择。表型值选择的理论依据是：表型值是基因型值的一个近似值，因此，依据表型值的选择可以看成是一种近似的依据基因型值的选择。近似程度越高，则选择的效率也越高。但必须注意的是，在基因型值中，只有加性效应成分才可以真实地从上代遗传给下代，所以只有对基因型值中加性成分的选择才是有效的。因此，更确切的说法应是，表型值对加性效应值的近似程度越高，则选择效率越高。表型值对加性效应值的近似程度取决于狭义遗传力 h^2 的大小（$h^2=\sigma_G^2/\sigma_P^2$，其中 σ_G^2 和 σ_P^2 分别为加性遗传方差和表型方差），h^2 越大则近似程度越高。当 $h^2=1$ 时，表型值就等于加性效应值。因此，表型值选择的效率随狭义遗传力的增高而增高。

在传统育种中，常通过定向选择来改良数量性状。所谓定向选择就是在每一代都朝同一个方向（性状值增大或减小的方向）选择极端表型值的个体，使群体的平均值逐代朝该方向变化。定向选择的效率用遗传进度（DG）表示，它定义为中选个体的子代群体平均值（ms）与亲代群体平均值（mo）之差，即 $DG = ms - mo$（图7-7）。遗传进度越大，则选择效率越高。显然，遗传进度与遗传力成正比。当遗传力一定时，遗传进度的大小则取决于选择率（指中选个体占整个群体的比例）。选择率越小，则选择强度（指中选个体的平均值与群体平均值之差）就越大，遗传进度也就越大。

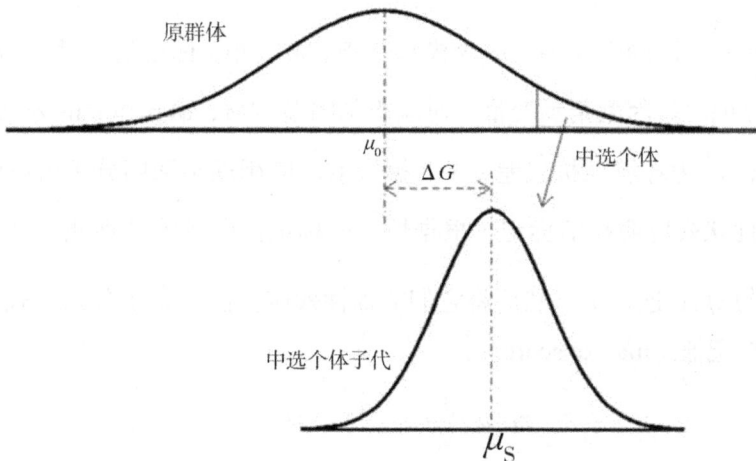

图7-7　原群体和中选个体子代群体的性状分布及选择的遗传进度（DG）

二、标记值选择

由传统选择方法很容易想到，如果能够直接依据个体的加性效应值进行选择，就必然能提高选择效率。这里的关键是如何估计出各个个体的加性效应值。利用完整的分子标记连锁图进行 QTL 定位分析，原则上应该能够估计出个体的加性效应值。但从初级定位通常无法检测出全部的 QTL 并准确地估计出它们的效应，因而估得的个体加性效应值只是近似的，可能存在较大的误差。要得到个体加性效应值的精确估值，必须进行 QTL 的精细定位，但这是一个庞大的系统工程，需要经过长期的努力才可能完成。因此，目前利用分子标记还只能做到近似的依据加性效应值的选择。

许多 QTL 定位方法都可用来估计个体的加性效应值，但应用上宜考虑既方便又不失有效的方法。Lande 和 Thompson 建议用性状—标记回归的方法（参见第五章），是比较合适的，已被许多学者所接受。在加性模型下，性状—标记回归方程为：

$$y=\mu+\sum_{i=1}^{N}a_ix_i+\varepsilon \qquad (7-4)$$

式中，y 为个体的表型值；m 为模型均值；a_i 为第 i 标记的加性效应值；x_i 为第 i 标记的基因型指示变量，对应于基因型 MM、Mm 和 mm 分别取 1、0 和 –1；ε 为环境随机误差；N 为标记数。应用逐步回归分析可以筛选出对目标性状效应明显的标记（根据性状—标记回归的统计性质，这些标记最可能与 QTL 连锁），然后将它们的加性效应估值（$\hat{a}_i$）代入下式，算出个体的标记值（marker score）：

$$m=\mu+\sum_{i=1}^{n}\hat{a}_ix_i \qquad (7-5)$$

式中，x_i 的含义与式（7-4）相同，n 为筛选出的标记数。标记值 m 是个体加性效应值的一个近似值，其近似程度取决于那些筛选出的标记所能解释的加性遗传方差（σ^2_M）占总的加性遗传方差（σ^2_G）的比例，即 $p=\sigma^2_M/\sigma^2_G$，p 越大则近似程度越高。仅当 $p=1$ 时，m 才等于加性效应值。我们将以个体标记值为依据的选择称为标记值选择。

比较标记值和表型值，可以看到，二者都是加性效应值的近似值，其近似程度分别取决于 p 和 h^2。因此，不难想象，标记值选择和表型值选择哪个更有效将取决于 p 和 h^2 哪个更大。也就是说，标记值选择未必一定比传统的表型值选择更有效，这要看 p 是否比 h^2 更大。

让我们看看定向选择的情况。将标记值选择与表型值选择的遗传进度分别记为 ΔG_M 和 ΔG_P。可以推得，在选择率相同的情况下，二者的相对效率为（Lande and Thompson，1990）：

$$RE_{MP} = \frac{\Delta G_M}{\Delta G_P} = \sqrt{\frac{p}{h^2}} \qquad (7-6)$$

由式（7-6）可见，标记值选择与表型值选择之间的相对效率取决于 p 和 h^2 的相对大小，这与我们上面的分析是一致的。由此可以推论，标记值选择对遗传力较低的性状具有较高的相对效率，而且遗传力越低，其相对效率就越高；对于遗传力高的性状，表型值选择效率本身已经很高，就没太大必要采用标记值选择，而且由于标记值存在估计误差，这时标记值选择的效率可能还不如表型值选择高。

尽管标记值选择在低遗传力情况下相对效率较高，但遗传力也不能太低，否则会大大降低检测 QTL 的能力，增大标记值的估计误差，从而使标记值选择的效率下降。所以，在低遗传力的情况下，必须增大试验群体，并采用较低的统计显著水平，以提高检测 QTL 的能力，减小标记值的估计误差。

如果标记值的估计是可靠的，那么标记值选择在早期世代会产生明显的遗传进度，但随着世代的推移，这种能力会迅速衰减，在 3 ～ 5 代内消失，不再产生遗传进度。造成这种现象的原因可能有两个：一个是遗传重组打破了标记和 QTL 间原有的连锁关系；另一个是一些效应较小的 QTL 的有利等位基因在选择过程中丢失，而其不利等位基因则在群体中被固定（纯合），这种固定速度在标记值选择中要比在表型值选择中更快。对于前一个问题，可以通过重新估价和筛选对性状效应显著的标记来解决。如果每一代都重新估价和筛选分子标记，可以明显地提高选择效率。但这样做显然会增加分子标记分析的费用。所以，每 2 ～ 3 代重新估价和筛选一次分子标记是比较合适的策略。

三、指数选择

既然标记值和表型值都是加性效应的近似值，二者都含有加性效应的部分信息，而且这些信息可能存在互补性（即彼此不完全重叠），那么，若将二者的信息综合起来，作为选择的依据，则可望获得更高的选择效率。为此，Lande 和 Thompson 建议用表型值和标记值构建一个选择指数：

$$I=b_z z+b_m m \qquad (7-7)$$

用选择指数作为选择的依据，我们称这种选择方法为指数选择。

式（7-7）中，z 为表型值，m 为标记值，b_z 和 b_m 为权重系数（$b_z+b_m=1$），其算式分别为（Knapp，1998）：

$$b_z = \frac{\sigma_G^2 - \sigma_M^2}{\sigma_P^2 - \sigma_M^2} = \frac{(1-p)h^2}{1-ph^2} \qquad (7-8)$$

和

$$b_z = \frac{\sigma_G^2 - \sigma_M^2}{\sigma_P^2 - \sigma_M^2} = \frac{(1-p)h^2}{1-ph^2} \qquad (7-9)$$

选择指数也是对加性效应值的一种近似值，其近似程度取决于它的遗传力（Knapp，1998）：

$$h_I^2 = \frac{(1-p)h^2}{1-ph^2} + \frac{p(1-h^2)}{h^2 - 2ph^2 + p} \qquad (7\text{--}10)$$

h_I^2 越大，则选择指数越接近加性效应，因而选择的效率也就越高。由式（7--10）可知，当 $p=0$ 时，有 $h_I^2{=}h^2$，这时相当于单纯的表型值选择。当 h^2 的值一定时，h_I^2 随 p 的增大而增大，且 h^2 越低，h_I^2 随 p 的增长速度越快，特别是在 $0<p<0.5$ 的范围内增长最快（图 7--8）。这说明，性状的遗传力越低，则标记值的影响越大，因而标记辅助选择的作用也就越大。

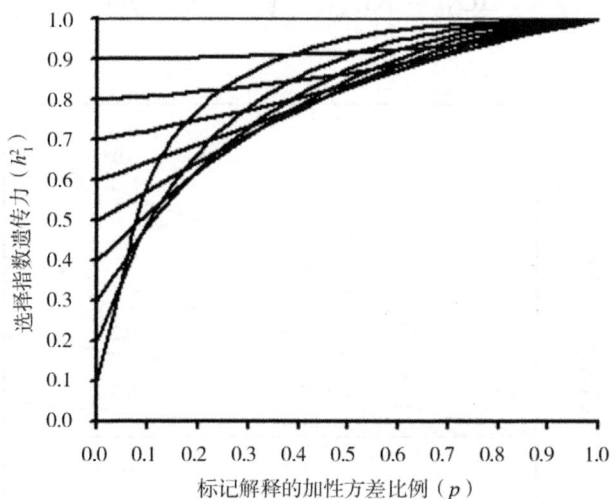

图 7--8　标记解释的加性方差比例与选择指数遗传力的关系
（引自 Knapp，1998，并作修改）

对于定向选择，指数选择与表型值选择的相对效率为（Lande and Thompson，1990）：

$$RE_{IP} = \frac{\Delta G_I}{\Delta G_P} = \sqrt{\frac{p}{h^2} + \frac{(1-p)^2}{1-ph^2}} \qquad (7\text{--}11)$$

式中，ΔG_I 为指数选择的遗传进度。图 7--9 给出了在不同 h^2 情况下，RE_{IP} 随 p 的变化曲线。由图 7--8 可以看出：①当 p 值一定时，RE_{IP} 随 h^2 的减小而增大，说明性状的遗传力越小，则标记辅助选择的作用就越大。②当 h^2 值一定时，RE_{IP} 随 p 的增长而增长，但增长速度随 h^2 的增大而变小。当性状达到中等遗传力（h^2=0.5）时，指数选择的优越性已变得不明显。特别是在 h^2=1 的极端情况下，RE_{IP} 不随 p 变化，始终等于 1，说明这时标记不能提供任何额外的信息，标记辅助选择已没有贡献。③RE_{IP} 的值总是不小于 1，这就是说，指数选择总是比表型值选择更有效。这与标记值选择的情况不同。比较式（7-6）和式（7-11），可以得到指数选择与标记值选择间的相对效率：

$$RE_{IM} = \frac{\Delta G_I}{\Delta G_M} = \frac{RE_{IP}}{RE_{MP}} = \sqrt{1 + \frac{h^2(1-p)^2}{p(1-ph^2)}} \qquad （7-12）$$

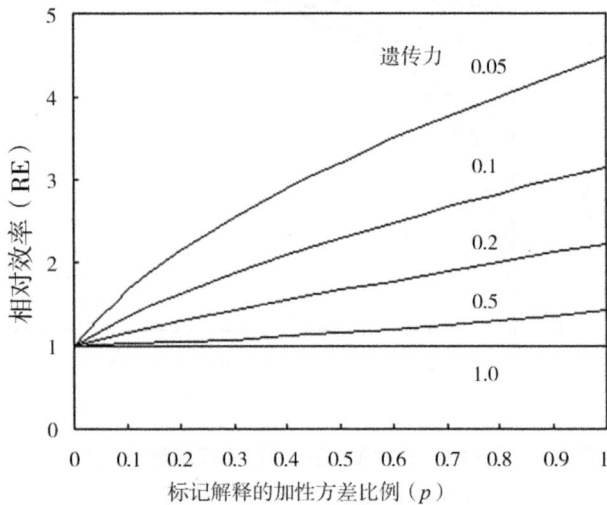

图 7-9　性状遗传力及标记解释的加性方差比例与指数选择相对效率的关系
（引自 Lande and Thompson，1990，并作修改）

由式（7-12）不难看出，不论 p 和 h^2 取何值，总有 $RE_{IM} \geqslant 1$，因此，指数选择总是比标记值选择效率高。计算机模拟研究也证实了这一点。

选择指数既决定于表型值，也决定于标记值，因此，前面有关标记值选择效率的影响因素也同样影响指数选择的效率。计算机模拟研究表明，指数选择至少在最初几代要比表型值选择有效，但指数选择的优越性随世代增加而迅速降低。在高世代，指数选择的效率可能反而比表型值选择更低。出现这种情况的原因是，在高世代，标记值对加性效应值的近似程度已不如表型值好（即 $p<h^2$），但式（7-6）中权重的估计误差却夸大了标记值的相对重要性，致使选择指数对加性效应值的近似程度反而不如表型值好（即 $h_I^2<h^2$），从而指数选择的效率比表型值选择更低。因此，不论是标记值选择还是指数选择，都只在选择早期有优越性，在高世代则宜只用表型值选择来获得进一步的遗传进度。

虽然指数选择因利用了更多的遗传信息而比标记值选择更有效，但为了获得来自表型值的额外信息，显然要付出更多的工作量和费用。而且，表型值的测量必须受限于性状的表现时期，这也使指数选择失去了标记辅助选择可以在任何生长发育时期进行的优越性。另外，如果表型值测量需要进行后代测验，指数选择就会因完成一个选择周期所需的时间更多而变得得不偿失。例如，玉米产量必须通过后代测验来测量，每一个指数选择周期就需要 2 年，而标记值选择在相同时间内则可完成 4 个选择周期。这样，尽管标记值选择在单个选择周期中遗传进度不如指数选择，但在单位时间内获得的遗传进度却大于指数选择，因为它完成了更多的选择周期。根据这个道理，Hospital 等提出了交替选择的策略，一代指数选择加上若干代标记值选择，如此交替进行。在指数选择那一代，需要估价和筛选分子标记，因此必须使用大群体，以保证性状—标记回归分析的可靠性；而在标记值选择的世代，则可使用较小的群体。

四、基因型选择

不论是标记值选择还是指数选择，所依据的遗传信息都是个体的基因型值（更确切地说是基因型值中的加性效应分量），而非个体的基因型（基因组成）本身。因此，标记值选择和指数选择都还只是（通过基因型值）对基因型的间接选择。从这一点上说，这两种标记辅助选择方法与传统的表型值选择并没有本质的区别，并不符合最初提出的标记辅助选择的概念，或者说，还不是人们所期望的那种标记辅助选择。基因型值是基因型表达的产物，不同的基因型可能产生相同的基因型值，也就是说，一种基因型值可能对应于多种基因型。因此，从基因型到基因型值存在着遗传信息的简并或丢失。这种遗传信息的简并可能会降低选择的效率，并可能造成选择过程中一部分效应较小的 QTL 的有利等位基因的丢失，选择牵涉到的 QTL 越多，有利等位基因丢失的可能性也就越大。所以，更有效的选择方法应是像质量性状的标记辅助选择那样，直接依据个体的基因型进行选择（称为基因型选择），具体地说，就是对每个目标 QTL 利用其两侧相邻标记或单个紧密连锁的标记进行选择，其原理和方法与质量性状相似。事实上，这才是最初提出的标记辅助选择的概念。

目前对数量性状进行基因型选择的困难主要在于，已有的 QTL 定位研究基本上都局限于初级定位，对每种数量性状，都只定位了部分效应较大的 QTL，而且定位的精度不高，尚有许多效应微小的 QTL 未被检测出来。因此，目前只能对那些已初步定位的 QTL 进行基因型选择（可谓是不完全的基因型选择），而且初级定位的精度不高是一个障碍。从标记辅助选择的效率或可靠性考虑，两侧相邻标记彼此越靠近越好，亦即由两相邻标记所确定的目标染色体区段越短越好。但是，由于 QTL 定位存在误差，目标区段太短可能会造成实际的 QTL 并不在目标区段内。这样，在对目标区段进行选择时，就可能丢失所要选择的目标 QTL。因此，必须选择合适的相邻标记，以保证目标 QTL 真实地位于目标区段内，同时又能最大限度地使标记辅助选择的效率达到最佳。

Hospital 和 Charcosset 建议，对每个目标 QTL，最好用 3 个相邻的连锁标记进行跟踪选择。这 3 个标记的最佳位置应根据目标 QTL 的位置置信区间来决定。一般而言，中间一个标记应处在非常靠近或正好位于估得的目标 QTL 的位置上，而另外两个标记则近乎对称地位于两侧。由两端标记所确定的目标区段的最佳宽度与 QTL 位置置信区间的宽度成正比（图 7–10）。置信区间越大，目标区段也应越大，才能保证目标 QTL 真实地位于目标区段内。

Hospital 和 Charcosset 的研究表明，在回交育种中，若用最佳位置的标记来跟踪目标 QTL，则一个包含几百个个体的群体就足以将 4 个相互独立的 QTL 的有利等位基因从供体亲本转入轮回亲本。若 QTL 间存在连锁，QTL 定位准确，或使用更大的群体，则可同时转移更多的 QTL。在选择目标 QTL 的同时，同样也可以利用分子标记进行背景选择，加快遗传背景恢复成轮回亲本的速度。

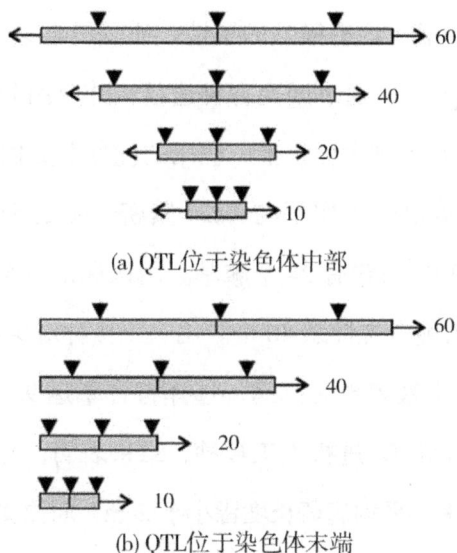

(a) QTL位于染色体中部

(b) QTL位于染色体末端

图 7–10 用 3 个相邻的连锁标记跟踪选择目标 QTL

灰色长方条和其右侧数字分别表示 QTL 位置的置信区间范围和宽度（cM），侧面的箭头表示所指方向还连有染色体的其他部分，中间竖杠表示目标 QTL 的估计位置，黑色倒三角形表示标记的最佳位置。

第三节 标记辅助选择的应用研究

有关质量性状的标记辅助选择在理论上已趋于成熟，技术上也已达到可以应用的水平，并已有一些成功的应用实例。在数量性状的应用方面，尽管标记辅助选择的理论还不成熟，但曾经也有个别令人鼓舞的应用报道。本节列举几个实际应用研究的例子。

一、单个主基因的回交转移

Xa21 是一个来自长药野生稻（*O.longistaminta*）的广谱高抗白叶枯病的主基因，它对菲律宾全部 7 个白叶枯病小种以及我国 4 个白叶枯病主要菌系（Ⅲ、Ⅳ、Ⅴ、Ⅵ）均有很强的抗性。我国科学家以含有 *Xa21* 的水稻品种 $IRBB_{21}$ 为供体亲本，通过回交育种途径，并应用分子标记辅助选择技术，成功地将 *Xa21* 转入到大面积推广应用的优良杂交稻恢复系"明恢 63"和"密阳 46"中。该研究采用了与 *Xa21* 紧密连锁的 SCAR 标记，正向引物 PB_7 和反向引物 PB_8 均含有 24 个碱基。用该标记对杂交后代的 243 个株系进行检测，筛选出纯合抗性系 46 个。用人工接种对这 46 个株系的抗性进行鉴定，发现有 43 个系表现为抗病，选择符合率达 93.5%。对两个转入了 *Xa21* 的新恢复系 T_{71} 和 T_{81} 进行人工接种，结果表明，它们都达到了供体亲本 $IRBB_{21}$ 的抗性水平，平均病斑长度皆小于 2cm，而原受体亲本"明恢 63"和"密阳 46"的平均病斑长度分别为 10.48cm 和 16.18cm；用 T_{71} 和 T_{81} 配置的杂交稻组合"协优 T_{71}"和"协优 T_{81}"的平均病斑长度分别为 3.72cm 和 4.35cm，而对照"汕优 10"和"汕优 63"的平均病斑长度分别为 19.27cm 和

23.84cm。可见，*Xa21* 的转入确实显著提高了恢复系"明恢 63"和"密阳46"及由其配组的杂交种的白叶枯病抗性。

二、QTL 的定向选择

美国科学家用玉米自交系组合 CO159/Tx303 的 F_2 大群体（约 1900 株）研究了产量等数量性状的标记辅助定向选择的效率。该研究共使用了 15 个同工酶标记，标记区大约覆盖玉米基因组的 30% ～ 40%。采用标记值选择法（参见本章第二节），但在利用式（7-5）计算标记值时，各标记的加性效应不是用偏回归系数来估计，而是令其等于各标记两种纯合基因型（MM和 mm）之间均值差的一半。另外，为了比较，同时还进行了传统的表型值选择。结果显示（表 7-1），就 3 个被研究的性状而言，标记值选择的遗传进度基本上与表型值选择相当，这一结果与计算机模拟研究看来是吻合的（但在负向选择中，标记值选择的遗传进度却明显大于表型值选择，其原因在此不作探讨）。对标记座位上有利等位基因的频率进行分析，发现在标记值选择中，正向选择和负向选择后代中的等位基因频率平均相差为0.38，而在表型值选择中则为 0.13，只及前者的 1/3。可见，在标记值选择中，已标记的染色体区域具有强烈的选择响应，但未标记的区域基本上没有选择响应。表型值选择的响应则分布于整个基因组，虽然它在已标记区不及标记值选择，但在未标记区则高于标记值选择，从而其总的选择响应（遗传进度）与标记值选择相当。因此，虽然这里表型值选择和标记值选择的遗传进度是相近的，但它们引起遗传进度的原因（选择的基因组区域或 QTL）却是大不相同的。如果所用的标记座位能均匀地覆盖整个基因组，那么两种方法所选择的基因组区域也许会比较接近。

表 7-1　玉米 CO159×Tx303 F$_2$ 群体不同方式定向选择的比较（引自 Stuber，1994）

选择方式	后代性状均值和遗传进度					
	产量（克/株）	遗传进度	穗位高（cm）	遗传进度	穗数	遗传进度
标记值正向	151.2	24.0	73.5	14.3	1.48	0.13
标记值负向	107.7	−19.5	47.1	−12.1	1.20	−0.15
表型值正向	151.7	24.5	68.5	9.3	1.43	0.08
表型值负向	122.4	−4.8	57.8	−1.4	1.28	−0.07
无选择对照	127.2		59.2		1.35	

三、QTL 的回交转移

美国科学家对分子标记在玉米杂种优势遗传改良上的应用进行了研究。该研究分两步进行。首先是对控制玉米产量杂种优势的 QTL 进行定位鉴定。为此，设计了两套杂交（图 7-11）。第一套是以两个优良自交系 B73 和 Mo17 为亲本，建立单粒传 F$_3$ 株系（共 264 个）群体，然后将所有 F$_3$ 株系分别与两亲本回交，建立两个回交株系群体。第二套杂交是以另外两个优良自交系 Oh43 和 Tx303 为亲本，同样建立单粒传 F$_3$ 株系（共 216 个）群体，然后将所有 F$_3$ 株系分别与 B73 和 Mo17 测交，建立两个测交株系群体。接着，将两套杂交建立的群体一起种植在 6 个差异很大的环境中进行产量试验。同时，用 76 个标记（67 个 RFLP 标记，9 个同工酶标记，可覆盖玉米基因组的 90%～95%）对表型数据进行分析，定位有关的 QTL。

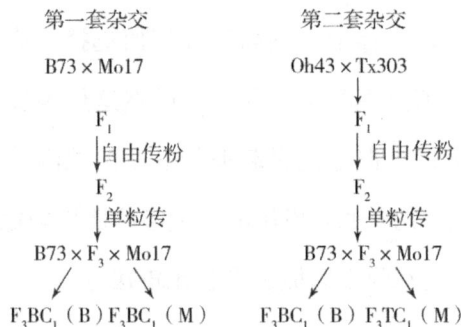

图 7-11　为分析控制玉米产量杂种优势的 QTL 而设计的两套杂交方案

研究结果显示：①在第一套杂交中定位的 QTL，除了一个之外，其余都表现出超显性，对 B73×Mo17 的杂种优势有明显的贡献，说明超显性是产生杂种优势的主要原因。②尽管环境差异很大，环境效应很明显，但却没有发现明显的基因型（QTL）与环境的互作。③在第二套杂交中发现，Tx303 和 Oh43 各在 6 个 QTL 上具有有利等位基因，分别转入 B73 和 Mo17 后，均可提高 B73×Mo17 的杂种优势（图 7-12）。

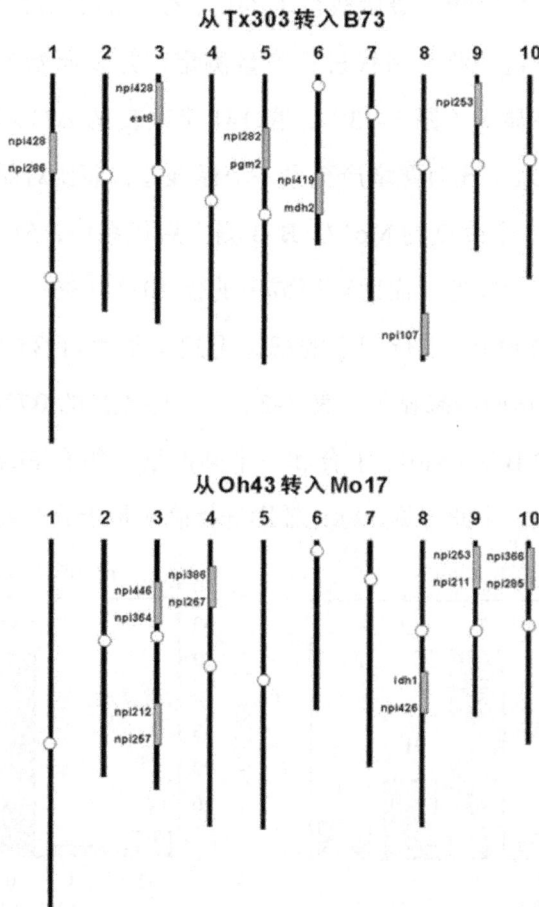

图 7-12　在玉米自交系 Tx303 和 Oh43 中检测到的染色体区段（QTL）位置

这些区段分别转入自交系 B73 和 Mo17 后，预计可以提高 B73×Mo17 的产量杂种优势
（引自 Stuber，1994，并作修改）

因此，第二步工作就是将 Tx303 和 Oh43 中的有利等位基因分别转入 B73 和 Mo17。将 B73 和 Tx303 杂交，然后与 B73 回交 3 代（BC_1、BC_2、BC_3），再自交两代（BC_3S_1、BC_3S_2）。从 BC_2 开始，每一代都进行标记辅助选择，包括前景选择（正向选择）和背景选择（负向选择）。在背景选择中，每一条染色体臂至少使用一个标记。最后，从 BC_3S_2 中鉴定出 141 个改良的 B73 株系，并与原始的 Mo17 测交。Oh43 中的基因向 Mo17 的转移采用相同的技术路线，最后获得了 116 个改良的 Mo17 株系，并与原始的 B73 测交。对这些测交后代进行产量测定，并以原始的 B73×Mo17 组合作对照。结果显示（图 7-13），在 141 个改良的 B73×Mo17 测交后代系中，45 个（32%）比对照增产至少一个标准差，而比对照减产的仅 15 个（11%）；在 116 个改良的 Mo17×B73 测交后代系中，51 个（44%）比对照增产至少一个标准差，而比对照减产的仅 10 个（9%）。进一步以改良的 B73 和改良的 Mo17 进行配组的试验得到了更为可喜的结果（Stuber，1995）。两年的试验结果显示（表 7-2），一些改良的 B73× 改良的 Mo17 的组合比原始的 B73×Mo17 组合和一个高产推广组合 Pioneer hybrid 3165 皆增产 10% 以上。由此可见，标记辅助选择确实是十分有效的。

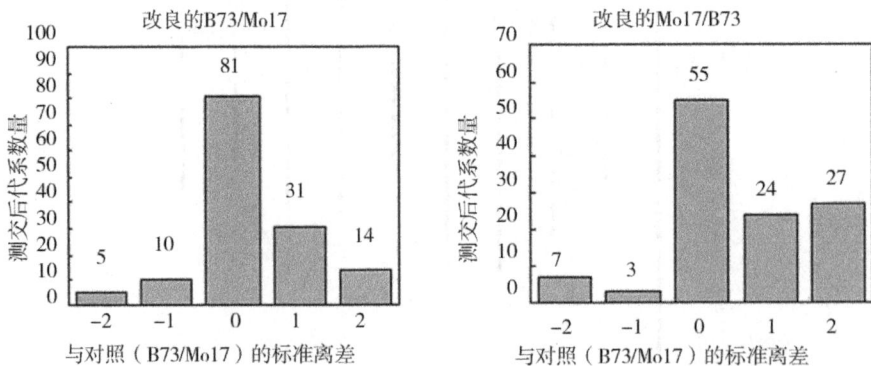

图 7-13　改良的 B73×Mo17 及改良的 Mo17×B73 的测交后代中杂种系的产量频率分布，各杂种系的产量皆以与对照（原始杂种 B73×Mo17）产量的标准离差表示（引自 Stuber，1994，并作修改）

当然，在该研究中，成功的频率还不是很高。这里可能有几个原因：①回交的群体还不够大，以至于不能将所有 QTL 的有利等位基因同时转入受体亲本。事实上，每个系至多只转入 4 个 QTL 的有利等位基因。②用于背景选择的标记不够，有的染色体臂只用了一个标记，因此受体亲本的遗传背景可能没有得到完全恢复，造成一些来自供体亲本的不利基因残留在回交后代的基因组中。③标记与 QTL 间的连锁还不够紧密，使目标基因在回交过程中丢失，同时也可能带入一些来自供体亲本的不利基因。

表 7-2　B73×Mo17 改良组合与原始组合及对照高产组合的比较
（引自 Stuber，1995）

株系	导入片段	产量（蒲式耳 / 英亩）		
		1993 年	1994 年	平均
改良系				
B73（248-6） Mo17（284-7）	5S，6L（Tx303） 3S，10S（Oh43）	178.7	170.9	174.8
B73（257-1） Bo17（271-8）	6L（Tx303） 3S，4S，10S（Oh43）	178.1	169.5	173.8
B73（198-2） Bo17（41-27）	1S，5S，6L（Tx303） 4S，9S（Oh43）	162.8	191.2	177.0
B73（82-06） Bo17（271-9）	3S，5S（Tx303） 4S，10S（Oh43）	160.8	189.3	175.1
B73（198-2） Bo17（278-8）	1S，5S，6L（Tx303） 3S，4S，10S（Oh43）	173.5	185.5	179.5
对照				
B73×Mo17		154.8	165.8	160.3
Pioneer hybrid 3165		156.4	169.7	163.1
标准差		6.4	5.1	4.5

但不管怎么说，这项研究的结果都有力地显示了应用标记辅助选择方法在回交育种中转移 QTL 的有利等位基因的可行性，并且即使对于产量杂种优势这么一个十分复杂的性状也是有效的。而如果靠传统的回交育种方法要达到这样的效果是非常困难的。可以预见，用传统的回交育种方法得到的后代株系中，测交产量高于和低于对照的频率将是相同的，尽管该研

究中并未进行这样的比较试验。事实上，有些农民曾经试图对 B73 的产量性状进行改良，但往往都以失败告终。另外，用传统的回交育种方法要使后代株系遗传背景达到与标记辅助选择相同的纯合水平，所需的时间可能至少要多 1 倍。

第四节　标记辅助选择的发展策略

我们已经看到标记辅助选择在育种中应用的一些成功实例。然而，我们也应该看到，与已积累的大量的基因定位的基础工作相比，迄今分子标记辅助选择技术在育种中的应用还很不够。一个重要原因是，人们最初普遍认为，开展标记辅助育种的第一步应该是先定位目标基因，而第二步才是标记辅助选择。特别是对数量性状，只有在定位出所有的 QTL，将其复杂的遗传基础分解成一个个独立的孟德尔因子之后，才进行标记辅助选择。在这种思想的指导下，大多数研究的最初目的只是为了定位目标基因，在实验材料的选择上只考虑研究的方便，而没考虑与育种材料的结合。更遗憾的是，许多研究最终都只停留在目标基因的定位上，未进一步走向育种应用。最近一项调查显示，在 1995 ～ 1999 年发表的 400 多篇含有"marker-assisted breeding（标记辅助育种）"或"marker-assisted selection（标记辅助选择）"关键词的论文中，极少是真正有关标记辅助选择技术应用的，基本上都只是基因定位的研究。可见，最初指导思想的失误是造成目前这种基因定位研究与标记辅助选择应用相脱离的局面的主要原因。因此，为了使基因定位的研究成果能够尽快地服务于育种，今后在研究策略上应重视与标记辅助选择相结合。特别是对于质量性状，其标记辅助选择的理论和技术都已比较成熟，今后研究的重点更应是实际应用。在选择杂交亲本上应尽量使用与育种直接有关的材料，所构建的群体也应尽可能做到既是遗传研究群体，又是育种群体，这样才能缩短基因定位研究与育种应用的距离。例如，在定位一个有用的主基因时，杂交亲本之一最好用一个已推广应用的优良品种，这样，在定位目标主基因的同时，即可应用标记辅助选择，使原优良品种得到改良（图 7–14）。另外，在聚合分散于多个育种材料中的抗病基因的时候，最好以一个优良品种为共同杂交亲本，以便在基因聚合的同时，也使优良品种在抗性上得到改良，既可直接应用于生产，又可作为多个抗病基因的供体亲本，用于育种（图 7–15）。

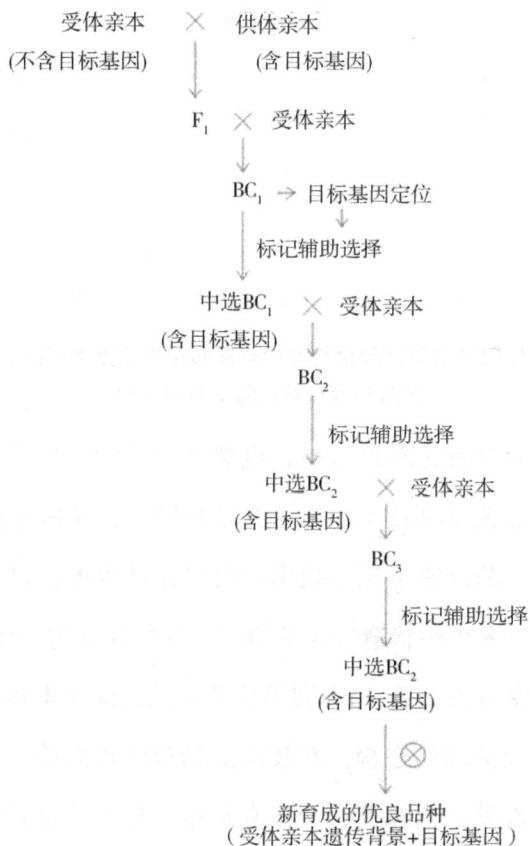

受体亲本　×　供体亲本
(不含目标基因)　　(含目标基因)
↓
F$_1$　×　受体亲本
↓
BC$_1$　→　目标基因定位
↓
标记辅助选择
↓
中选BC$_1$　×　受体亲本
(含目标基因)
↓
BC$_2$
↓
标记辅助选择
↓
中选BC$_2$　×　受体亲本
(含目标基因)
↓
BC$_3$
↓
标记辅助选择
↓
中选BC$_2$
(含目标基因)
↓
⊗
↓
新育成的优良品种
（受体亲本遗传背景+目标基因）

图 7–14　目标基因的定位与标记辅助回交育种相结合的技术路线，
受体亲本应为符合育种目标的优良品种

受体亲本 × 供体亲本A　受体亲本 × 受体亲本B
（无抗性基因）（含抗性基因A）（无抗性基因）（含抗性基因B）
↓　　　　　　　　　　　↓
F₁　　　×　　　　　　F₁
（含抗性基因A）　　　　　（含抗性基因B）

复交杂种　受体亲本 × 供体亲本C
（分离群体）（无抗性基因）（含抗性基因C）

标记辅助选择

中选杂种个体　×　　F₁
（含抗性基因A和B）　（含抗性基因C）

复交杂种
（分离群体）

标记辅助选择

中选杂种个体　×　受体亲本
（含抗性基因A、B和C）　回交1~2代
标记辅助选择
⊗

新育成的多抗优良品种
（受体亲本遗传背景+抗性基因A、B、C）

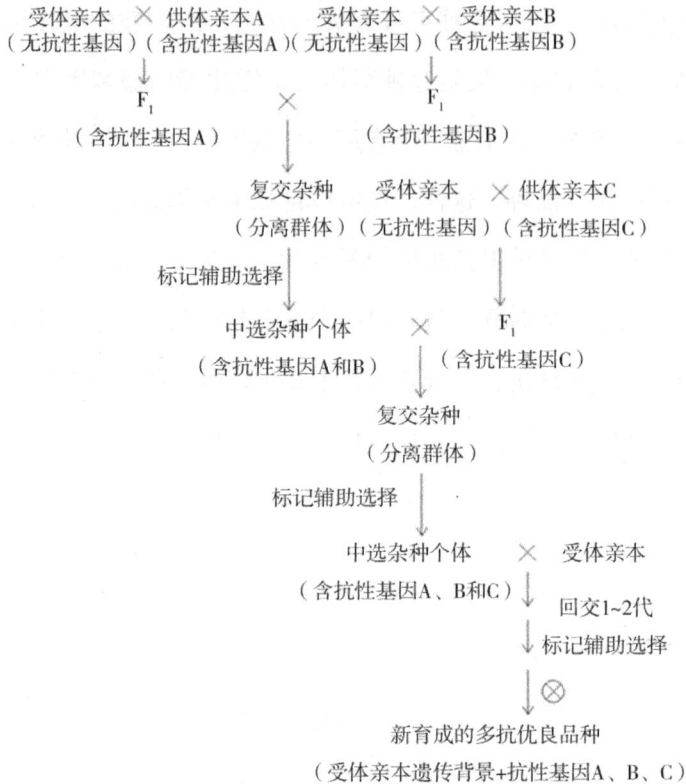

**图 7-15　标记辅助基因聚合与品种改良相结合的技术路线，受体亲本
应为符合育种目标的优良品种**

对于数量性状的标记辅助选择，虽然难度较大，且理论上还不成熟，但这并不意味着目前这项技术还无法为育种服务，关键是必须制定出合适的研究发展策略。从现有理论和技术的可操作性考虑，目前数量性状标记辅助选择应以针对单个性状遗传改良的回交育种计划为应用重点或突破口，因为这里只涉及将有关 QTL 的有利等位基因从供体亲本转移给受体亲本的一个遗传物质单向流动的过程，在技术上相对比较简单，容易获得成功。针对育种的目标性状，选择拥有较多有利等位基因的材料作为供体亲本，而以欲改良的（缺乏这些有利等位基因的）优良品种为受体（轮回）亲本。在育种过程中，可以在回交一代对目标性状进行 QTL 定位，然后以该定位

结果指导各回交世代中的个体选择（即标记辅助选择）。这样，QTL 定位和标记辅助育种就能够有机地结合起来。

QTL 定位分析也可以推迟 1～2 代进行，这种策略称为回交高代 QTL 分析（advanced backcross QTL analysis）。该策略的好处是，通过 2～3 代回交，可以建立起一套（数百个）受体亲本的近等基因系，其遗传背景来自受体亲本，但其中某个染色体片段来自供体亲本。通过分子标记分析，参照已知的分子标记连锁图谱，可以确定各个近等基因系所拥有的供体亲本染色体片段。这样，就可以对有关 QTL 进行精细定位。依据 QTL 精细定位的结果，将大大提高标记辅助选择的可靠性。在这些近等基因系中，有的可能已是新的优良品系，可以直接应用于生产。而且，散布在各个近等基因系中的不同有利等位基因还可以进一步通过杂交和标记辅助选择的方法聚合到受体亲本中。

这种回交高代 QTL 分析的策略不仅适用于传统的品种间回交育种，而且对以近缘种为供体亲本的种间回交育种显得特别有效。事实上，该策略最初正是针对这一种情况而提出的，因为建立近等基因系可以有效克服远缘杂交引起的育性和生活力降低的现象。应用该策略已成功地将番茄野生种 *Lycopersicon hirsutum* 中与果实性状有关的一些有利等位基因转入优良的番茄栽培品种中。

尽管目前应以回交育种作为数量性状标记辅助选择应用的研究重点，但回交育种毕竟效率较低，每次只能改良一个品种，因此，从长远来看，还应将数量性状标记辅助选择技术应用于同时改良多个品种的、更为复杂的育种计划。Ribaut 和 Hoisington 提出了一个在对多个品种同时进行改良的育种计划中应用数量性状标记辅助选择的新策略（图 7-16）。该策略将育种计划分成三个阶段。第一阶段：针对育种目标，通过双列杂交或 DNA 指纹等方法，从优良品种中筛选出彼此间在目标性状上表现为最大程度的遗传互补的亲本系。第二阶段：将中选的亲本系与测验系杂交，建立作图群体（F2、F3、RI 等）和分子标记连锁图，并进行田间试验，定位目标性状的 QTL。同时，将中选亲本彼此杂交，建立庞大的 F_2 育种群体。然后，根据 QTL 定位的结果，在 F_2 育种群体中进行大规模的分子标记辅助选择，选出目标染色体区段（QTL）上彼此互补的有利等位基因得到固定（纯合）的个体，建立 F_3 株系。第三阶段：在标记辅助选择得到的 F_3 株系的基础上进一步应用常规育种方法培育出新的优良品系。可以看出，该策略的主要特点（或优点）是：①目标性状的有利等位基因来源于两个或多个表现为遗传互补的优良亲本材料，而没有供体和受体之分。②对在特定染色体区段（QTL）上有利等位基因得到固定（纯合）的个体的选择，放在遗传重组的早期世代（F_2）进行，对基因组的剩余部分没有施加选择压，这样就可保证在后续（第三阶段）的常规选育中，在非目标区上有很好的遗传变异性可资利用。

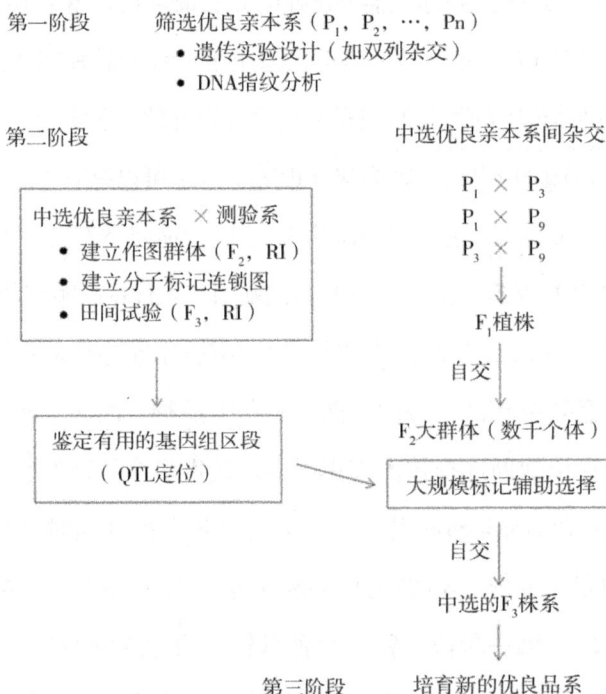

第一阶段　　　　筛选优良亲本系（P_1，P_2，…，P_n）
　　　　　　　　　● 遗传实验设计（如双列杂交）
　　　　　　　　　● DNA指纹分析

第二阶段　　　　　　　　　　　　　中选优良亲本系间杂交

中选优良亲本系 × 测验系
● 建立作图群体（F_2，RI）
● 建立分子标记连锁图
● 田间试验（F_3，RI）

P_1 × P_3
P_1 × P_9
P_3 × P_9

F_1植株

自交

鉴定有用的基因组区段
（QTL定位）

F_2大群体（数千个体）

大规模标记辅助选择

自交

中选的F_3株系

第三阶段　　　培育新的优良品系

图 7-16　同时改良多个品系复杂性状的标记辅助选择策略
（引自 Ribaut and Hoisington，1998）

育种工作要有所突破，首先得设计一个好的育种计划，一个好的育种计划的诞生是建立在科学理论发展的基础上的，不仅与遗传学的发展，而且与相关学科及实验技术的发展密切相关。本节讨论的发展策略是基于当前 DNA 标记技术的发展以及相关分子生物学领域的发展趋势提出来的。这些策略需要在实践中经受检验，同时也需要在实践中不断加以完善。我们相信，通过育种家和现代遗传学家们的共同努力，一定能够创建出更加完美的育种策略。

第八章　主要产量性状的分子标记及其应用

小麦的单位面积产量、产量构成因素及其相关性状都属于数量性状，受许多主效和微效多基因控制，表现为连续变异，受环境的影响较大。国内外许多研究者用不同研究群体和分子标记技术对产量及其相关性状进行了 QTL 分析。尽管当前定位到一些产量性状的主效 QTL 位点，但发掘出的与产量性状紧密连锁的分子标记屈指可数，在分子标记辅助选择中能实际应用的标记更少。因此，进一步发掘和应用产量性状的分子标记，促进传统育种方法和分子辅助选择技术相结合势在必行。

第一节　主要产量性状的分子标记

一、通过 QTL 定位获得的产量性状分子标记

利用 2 个 RIL 群体、2 个自然群体、1 个 DH 群体，以及在 DH 群体基础上创建的 IF_2 群体，进行小麦产量相关性状的 QTL 分析，共找到 72 个调控产量性状的主效 QTL 位点（贡献率 >10%），贡献率变异范围为 10%～69.5%（表 8–1）。其中，控制籽粒产量的主效 QTL 有 2 个，位于 2D 和 5D 染色体；控制穗部性状的主效 QTL 有 64 个，分布于除 1D、3D、

5A、6D 和 7D 以外的其余 16 条染色体；控制籽粒性状的主效 QTL 有 6 个，位于 1B、4B、4D 和 6A 染色体上。

表 8-1　通过 QTL 定位检测到的有关产量性状主效 QTL（贡献率大于 10%）

性状 Trait	QTL	标记区间 Flanking marker	引物序列 Primer sequence（5′+3′）	贡献率 （PVE）/%
籽粒产量 Grain yield	qGY2Da	Xcfd53	CCCTATTTCCCCCATGTCTT AAGGAGGGCACATATCGTTG	14.07
		Xwmc18	CTGGGGCTTGGATCACGTCATT AGCCATGGACATGGTGTCCTTC	
	qGY5D	Xwmc215	CATGCATGGTTGCAAGCAAAAG CATCCCGGTGCAACATCTGAAA	10.32
		Xgdm63	GCCCCCTATTCCATAGGAAT CCTTTTGATGGTGCATAGGA	
穗长 Spikelength	QSIIB.1-100	wPt-3753	http://www.triticarte.com.au/	39.52
		wPt-1139	http://www.triticarte.com.au/	
	QSIIB.1-104	wPt-5363	http://www.triticarte.com.au/	40.43
		wPt-1363	http://www.triticarte.com.au/	
	QSIIB.1-113	wPt-2751	http://www.triticarte.com.au/	29.49
		wPt-3465	http://www.triticarte.com.au/	
	QSI2A-192	xgwm294	GGATTGGAGTTAAGAGAGAACCG GCAGAGTGATCAATGCCAGA	16.1
		xgwm614	GATCACATGCATGCGTCATG TTTTACCGTTCCGGCCTT	
	qSI2D	Xcfd53	CCCTATTTCCCCCATGTCTT AAGGAGGGCACATATCGTTG	15.63
		Xwmc18	CTGGGGCTTGGATCACGTCATT AGCCATGGACATGGTGTCCTTC	
	QSI3A-78	Xgpw7080	ATGCCAACCAGACATCACAG CAAAACCTACAGCTCCCTCG	14.36
		Xgpw1005	CTCGGCGTAGTAGTGCATGA TCGAGTAGCCTATCGCTAACC	
	QSI6B.3-10	wPt-669607	http://www.triticarte.com.au/	15.15
		Xgpw1005	CTCGGCGTAGTAGTGCATGA TCGAGTAGCCTATCGCTAACC	
	QSI6B.3-6	wPt-1325	http://www.triticarte.com.au/	12.29
		wPt-669607	http://www.triticarte.com.au/	
	QSI6B.2	wPt-666615	http://www.triticarte.com.au/	20.55
		wPt-669607	http://www.triticarte.com.au/	
	QSI6B.3	wPt-669607	http://www.triticarte.com.au/	11.51
		wPt-730273	http://www.triticarte.com.au/	
	QSI6B.4	wPt-730273	http://www.triticarte.com.au/	13.59
		wPt-6329	http://www.triticarte.com.au/	
	Qsl-6B.5	wPt-6329	http://www.triticarte.com.au/	18.77
		xgpw-1149	CATGTCAAAGCACCAGCAGA CTTTGGCGCTGAAGTAAAGG	

续表

性状 Trait	QTL	标记区间 Flanking marker	引物序列 Primer sequence（5′+3′）	贡献率 （PVE）/%
总小穗数 Spikelets per spike	qSps5D	Xwmc215	CATGCATGGTTGCAAGCAAAAG CATCCCGGTGCAACATCTGAAA	13.83
	qSps5D	Xgdm63	GCCCCCTATTCCATAGGAAT CCTTTTGATGGTGCATAGGA	13.83
	QSnps2B-94	CFE052	TGTGTAGAAGGGCTCCG AAACCCTACCTCCTAGCTCCC	21.87
	QSnps5B.2-83	wPt-5374 wPt-7665 wPt-3569	http://www.triticarte.com.au/ http://www.triticarte.com.au/ http://www.triticarte.com.au/	17.79
可育小穗数 Fertile spikelets per spike	QFsn4B.1-97	wPt-7569 wPt-3908	http://www.triticarte.com.au/ http://www.triticarte.com.au/	13.2
	QFsn4B.2-30	wPt-8756 CFE149	http://www.triticarte.com.au/ CTGATTACGGAGCCCAG CGCAGAAAGGGCAGTAAGAC	11.33
	qFsn5D	Xbarc320	CGTCTTCATCAAATCCGAACTG AAAATCTATGCGCAGGAGAAAC	10.22
		Xwmc215	CATGCATGGTTGCAAGCAAAAG CATCCCGGTGCAACATCTGAAA	
	QFsn6A.1-14	wPt-3091 wPt-731153	http://www.triticarte.com.au/ http://www.triticarte.com.au/	21.14
	QFsn6A.1-22	wPt-0959 wPt-730631	http://www.triticarte.com.au/ http://www.triticarte.com.au/	30.02
	Qsfs-6A.3	wPt-729920 wPt-664792	http://www.triticarte.com.au/ http://www.triticarte.com.au/	11.35
小穗着生密度 Compactness	Qsc-1B.1	wPt-3563 wPt-8226	http://www.triticarte.com.au/ http://www.triticarte.com.au/	13.66
	QSc1B.1-8	wPt-731490 wPt-4555	http://www.triticarte.com.au/ http://www.triticarte.com.au/	13.05
	QSc2A-203	xgwm294 xgwm614	GGATTGGAGTTAAGAGAGAACCG GCAGAGTGATCAATGCCAGA DATCACATGCATGCGTCATG TTTTACCGTTCCGGCCTT	11.27
	QSc2D-18	wPt-6343 wPt-667485	http://www.triticarte.com.au/ http://www.triticarte.com.au/	69.5
	qSc2D	Xgwm261	CTCCCTGTACGCCTAAGGC	11.41

性状 Trait	QTL	标记区间 Flanking marker	引物序列 Primer sequence（5′+3′）	贡献率 （PVE）/%
小穗着生密度 Compactness	qSc5D	Xgwm296	CTCGCGCTACTAGCCATTG AATTCAACCTACCAATCTCTG	
		Xwmc215	GCCTAATAAACTGAAAACGAG CATGCATGGTTGCAAGCAAAAG	12.26
		Xgdm63	CATCCCGGTGCAACATCTGAAA GCCCCCTATTCCATAGGAAT CCTTTTGATGGTGCATAGGA	
	Qsc-6B.2	wPt-730273 wPt-6329	httl～://www.triticarte.com.au/ http://www.triticarte.com.au/	18.12
	Qsc-6B.3	wPt-6329 xgpw1149	http://www.triticarte.com.au/ CATGTCAAAGCACCAGCAGA CTTTGGCGCTGAAGTAAAGG	11.78
	QSc7B-165	wPt-3723 wPt-1266	http://www.triticarte.com.aU/ http://www.triticarte.com.aU/	12.28
穗粒数 Grains per spike	QGnslA-1	Xbarc350	GCACCGCACAAGATTACA GCCCAAGGAGAGATTATTAGTT	31.25
		Xwmc120	GGAGATGAGAAGGGGGTCAGGA CCAGGAGACCAGGTTGCAGAAG	
	QGnslA-5	Xgwm498	GGTGGTATGGACTATGGACACT TTTGCATGGAGGCACATACT	15.68
		Xcwem6.2	CCTGCTCTGCCATTACTTGG TGCACCTCCATCTCCTTCTT	
	QKnpslB， 1-104	wPt-5363 wPt-1363	httjp:/www.triticarte.com.au/ http://www.triticarte.com.au/	38.44
	QKnpslB.1-81	wPt-665375 wPt-0260	http://www.triticarte.com.au/ http://www.triticarte.com.au/	44.1

续表

性状 Trait	QTL	标记区间 Flanking marker	引物序列 Primer sequence（5′+3′）	贡献率 （PVE）/%
穗粒数 Grains per spike	QGns2B-1	Xwmc175	GCTCAGTCAAACCGCTACTTCT CACTACTCCAATCTATCGCCGT	11.67
		Xgwm388	CTACAATTCGAAGGAGAGGGG CACCGCGTCAACTACTTAAGC	
	QGns2B-2	Xbarcl01	GCTCCTCTCACGATCACGCAAAG GCGAGTCGATCACACTATGAGCCAATG	46.75
		Xcwem55	CCAAAACCCTGACCTGACC GGAACGTCCTTGAAGACGAG	
	QGns2D	Xc.fd161	GTAAGGCATCTTCGCGTCTC CCATGATAGATTTGGACGGG	11.58
		Xgwm311.2	TCACGTGGAAGACGCTCC CTACGTGCACCACCATTTTG	
	qSgn2D	Xgwm261	CTCCCTGTACGCCTAAGGC CTCGCGCTACTAGCCATTG	12.24
		Xgwm296	AATTCAACCTACCAATCTCTG GCTAATAAACTGAAAACGAG	
	Qgps-2D.1	wPt-8319 wPt-731130	http://www.triticarte.com.au/ http://www.triticarte.com.au/	11.65
	QGns3B	Xwmc3	ATTCAAGTCTCTGCAGACCACC CCCTGAGCAGCTTCACAGATTAC	10.69
		Xwmcl	ACTGGGTGTTTGCTCGTTGA CAATGCTTAAGCGCTCTGTG	
	Qgps-3B.1	wPt-664393 wPt-1191	http://www.triticarte.com.au/ http://www.triticarte.com.au/	18.21
	Qgps-3B.2	wPt-6216 wPt-9579	http://www.triticarte.com.au/ http://www.triticarte.com.au/	32.75
	QKnps4D-12	Xgpw311	CACTAGACGTTTGGCTTGCT GACCTTCCCAACCCGTAGAC	15.48
		Xgpw342	AGAGCCATGAGTTGGTCGC CACAATCGTCCCTTCATCCT	
	qSgn5D	Xwmc215	CATGCATGGTTGCAAGCAAAAG CATCCCGGTGCAACATCTGAAA	11.67
		Xgdm63	GCCCCCTATTCCATAGGAAT CCTTTTGATGGTGCATAGGA	
	QGns6A	Xbarc1055	GCCAGACGCACAGGGACAAGATACACTA GCCGTACCCTGGTTATTGTTG	17.58
		Xwmc553	CGGAGCATGCAGCTAGTAA CGCCTGCAGAATTCAACAC	

性状 Trait	QTL	标记区间 Flanking marker	引物序列 Primer sequence（5′+3′）	贡献率 （PVE）/%
穗粒重 Kernel weight per spike	QGns6A-1	Xbarc023	GCGTGAAATAGTGCAAGCCAGAGAT GCGCTAACACCTCGGCAAGACAA	12.29
		Xbarc1077	CAGCGCAAGTACAAAGCATTCCAATA CAAGGGTTCAACGGCGACAA	
	Qgps-6A.1	wPt-3468	http://www.triticarte.com.au/	10.87
		wPt-9679	http://www.triticarte.com.au/	
	Qgps-6A.2	wPt-0228	http://www.triticarte.com.au/	27.84
		wPt-730977	http://www.triticarte.com.au/	
	QGns7B1	Xwmc396	TGCACTGTTTTACCTTCACGGA CAAAGCAAGAACCAGAGCCACT	10.77
		Xgwm333	GCCCGGTATGTAAAACG TTTCAGTTTGCGTTAAGCTTTG	
	QGwslB-1	Xwmc31	GTTCACACGGTGATGACTCCCA CTGTTGCTTGCTCTGCACCCTT	35.74
		Xwmc626	AGCCCATAAACATCCAACACGG AGGTGGGCTTGGTTACGCTCTC	
	QGwslB-2	Xwmc128	CGGACAGCTACTGCTCTCCTTA CTGTTGCTTGCTCTGCACCCTT	58.58
		Xbarc312	GGTGTCCGTGCGCGCCAGAAAAT GCACGGAACTGTTGGGTCTAGCC	
	QGws2B	Xgwm388	CTACAATTGAAGGAGAGGGG CACCGCGTCAACTACTTAAGC	18.23
	QGws2B	Xbarcl01	GCTCCTCTCACGATCACGCAAAG GCGAGTCGATCACACTATGAGCCAATG	18.23
	QKwps2D-40	wPt-667485	http://www.triticarte.com.au/	10.47
		wPt-1068	http://www.triticarte.com.au/	
	QKwps4B.1-99	wPt-7569	http://www.triticarte.com.au/	16
		wPt-3908	http://www.triticarte.com.au/	
	QKwps4D-11	Xgpw311	CACTAGACGTTTGGCTTGCT GACCTTCCCAACCCGTAGAC	15.8
		Xgpw342	AGAGCCATGAGTTGGTCGC CACAATCGTCCCTTCATCCT	
	QGws7B1	Xwmc396	TGCACTGTTTTACCTTCACGGA CAAAGCAAGAACCAGAGCCACT	27.86
		Xgwm333	GCCCGGTCATGTAAAAG TTTCAGTTTGCGTTAAGCTTTG	
粒径 Grain diameter	QGdlB.1-29	wPt-9925	http://www.triticarte.com.au/	10.23
		Xgpw2281	TCATCATGGTATGAGCGTGG ACAAGCATTCCAATTTTGCC	

续表

性状 Trait	QTL	标记区间 Flanking marker	引物序列 Primer sequence（5′+3′）	贡献率 （PVE）/%
粒径 Grain diameter	QGd4B.1-99	wPt-7569 wPt-3908 Xgpw311	http://www.triticarte.com.au/ http://www.triticarte.com.au/ CACTAGACGTTTGGCTTGCT	12.16
	QGd4D-9	Xgpw342	GACCTTCCCAACCCGTAGAC AGAGCCATGAGTTGGTCGC CACAATCGTCCCTTCATCCT	10.75
	qGd6A	Xbarc1055 Xwmc553	GCCAGACGCACAGGGACAAGATACACTA GCCGTACCCTGGTTATTGTTG CGGAGCATGCAGCTAGTAA CGCCTGCAGAATTCAACAC	13.8
千粒重 Thousand grain weight	qTgw6Ab	Xbarc1055 Xwmc553	GCCAGACGCACAGGGACAAGATACACTA GCCGTACCCTGGTTATTGTTG CGGAGCATGCAGCTAGTAA CGCCTGCAGAATTCAACAC	14.64
粒重 Grain weight	QGw6A.1-134	CFE043 TaGw2-CAPS	AGAAAGGGGTGTCGATGATG AGCAGACGATGTGGTACGC GTTACCTCTGGTTTGGGTGTCGTG ACCTCTCGAAAAATCTTCCCAATTA	15.41

穗部性状方面，检测到 16 个控制穗长的主效 QTL，3 个控制总小穗数的主效 QTL，7 个控制可育小穗数的主效 QTL，12 个控制小穗着生密度的主效 QTL，19 个控制穗粒数的主效 QTL，7 个控制穗粒重的主效 QTL；籽粒性状方面，定位到 4 个控制粒径的主效 QTL，2 个控制千粒重和粒重的主效 QTL。由表 8-1 可知，控制穗部性状的主效 QTL 多数定位于 1B、2D、6A 和 6B 染色体上，控制籽粒性状的主效 QTL 多数位于 6A 染色体上，其中，在 6B 染色体上检测到多个控制穗长和小穗着生密度的主效 QTL，在 6A 染色体上检测到多个控制可育小穗数、穗粒数和粒重相关的主效 QTL，推测在这两条染色体上存在控制这些性状的基因簇。

二、目前国内外应用较好的产量性状分子标记

随着生物技术的快速发展，在多种作物中已鉴定克隆了一些产量性状的基因，而小麦的相关研究仅集中在产量性状的 QTL 分析方面，产量性状

的基因克隆较少。Miura 等发现 5BL 染色体上的 *Nel* 基因不仅控制产量，而且具有控制每穗小穗数和穗数的效应。Xiao 等发现在小麦 1BL/1RS 易位系的 1R 短臂上不仅携带有抗条锈、抗叶锈和抗白粉病基因，而且携带提高粒重的基因，可以通过 1BL/1RS 易位系的分子标记进行粒重的辅助选择。Suenaga 等利用小麦/玉米诱导产生的 DH 群体研究发现，1A 染色体短臂上携带有一个调控每株穗数的位点，解释表型变异 62.9%，位于颖毛基因附近，与 SSR 引物 *Xpsp2999* 紧密连锁。Varshney 等在 1AS 发现一个控制粒重的主效基因位点 *QGwl.ccsu-1A*，解释表型变异 25%，与 SSR 引物 *Xumc333* 紧密连锁。

随着水稻基因组测序工作的完成，相继克隆了一些影响水稻籽粒形态和重量的基因，如 *CW1*、*GS3*、*GW2*、*GIFI* 和 *SW5* 等。禾谷类基因组不同物种间的比较作图研究发现，水稻与小麦的基因组之间，大多数位点上基因具有共线性。根据共线性原理，Jiang 等同源克隆了小麦蔗糖合成酶基因——*Sus2*，对其研究发现该基因的两种单倍型（*Hap-H* 和 *Hap-L*）与小麦千粒重显著相关，其中 *Hap-H* 单倍型影响较高的千粒重，并针对两种单倍型开发出标记 *Sus2-SNP-185/589H2* 和 *Sus2-SNP-2277589L2*。

Ma 等利用水稻糖代谢相关的细胞壁转化酶基因 *CW1*，克隆了普通小麦 2A 染色体上细胞壁转化酶基因 *TaCwi-A1* 的全长编码序列，基因全长 3676bp，含有 7 个外显子和 6 个内含子，以及一个 176bp 的开放读码框。针对 *TaCwi-A1* 位点的等位变异 *TaCw1-A1a* 和 *TaCwi-Alb* 开发了共显性标记 *CWI21* 和 *CWI22*。通过对 2 组中国冬小麦主栽品种和 2 组中国农家品种的检测，发现 *CWI21* 所扩增的 404bp 条带与低千粒重相关，而 *CWI22* 扩增的 402bp 条带与高千粒重相关。

TaGW2-6A 是 Su 等（2011）从小麦中克隆的一个水稻 *GW2* 的同源基

因，定位于 6A 染色体上，并根据大粒和小粒 *TaGW2-6A* 启动子区的序列差异，开发了以 Taq I 限制性内切核酸酶为工具的 CAPS 标记，该标记能产生大小为 167bp 和 218bp 的两种片段，分别对应高、低粒宽和粒重等位变异 *Hap-6A-A* 和 *Hap-6A-G*。表 8-2 是文献报道的应用较好的主要产量性状分子标记及其序列。

表 8-2　目前应用较好的主要产量性状分子标记及其序列

性状 Trait	基因 / QTL *Gene/ QTL*	引物名称 *Marker name*	引物序列 Primer sequence（5′→3′）	文献来源 Reference
单株成穗数 Pike number per plant	*QGwl.ccsu-lA*	*Xpsp2999*	TCCCGCCATGAGTCAATC TTGGGAGACACATTGGCC	Merian et al.（2014）
粒重 Grain weight		*Xwmc333*	TCAAGCATAGGTGGCTTCGG ACAGCAGCCTTCAAGCGTTC	Varshney et al.（2000） Jiang et al. （2011）
	TaSus2-2B	*Sus2-SNP-185* *Sus2-SNP-589H2* *Sus2-SNP-227* *Sus2-SNP-589L2*	TAAGCGATGAATTATGGC GGTGTCCTTGAGCTTCTGG CTATAGTATGAGCTGGATCAATGGC GGTGTCCTTGAGCTTCTGA	
	TaCwi-A1	*CW121* *CWI22*	GTGGTGATGAGTTCATGGTTAAG AGAAGCCCAACATTAAATCAAC GGTGATGAGTTCATGGTTAAT AGAAGCCCAACATTAAATCAAC	Ma et al. （2011）
	TaGW2	*Hap-6A-P1* *Hap-6A-P2*	CGTTACCTCTGGTTTGGGTGTCGTG CACCTCTCGAAAATCTTCCCAATTA GAGAAAGGGCTGGTGCTATGGA GTAACGCTTGATAAACATAGGTAAT	Su et al. （2011）

第二节　主要产量性状分子标记的应用

小麦的基因克隆和分子标记开发及应用都远远落后于水稻，已在小麦上开发的分子标记也主要体现在抗病和品质等方面，而产量性状的分子标记相对比较少，在分子标记辅助育种中的应用也较稀少。现将国内外学者开展的产量性状分子标记辅助育种的工作进行总结。

一、穗粒数的分子标记及其应用

穗粒数是决定单位面积产量的重要因素，也是高产育种的重要指标之一。国内外许多研究表明，在小麦品种产量构成因素的遗传改良中，随着穗粒数增加，小麦产量会大幅度提高。穗粒数是多基因控制的数量性状，现已研究清楚 1B、1D、2B、2D、3B、4A、4B、4D、5A、5B、6A、6B、6D 和 7D 染色体都对小麦穗粒数有较大的贡献，因此通过分子标记进行穗粒数选择，是培育多粒高产品种或资源的有效方法。选用控制穗粒数的 *QGns1A-1* 基因分子标记，进行连续 3 代的选择，获得了良好的选择效果。

（一）供试材料

组合配制根据亲本目标基因 / QTL 的有无原则，选用本实验室 QTL 定位获得的具有穗粒数优异等位基因的 "DH9411" 为供体亲本，该材料含有控制穗粒数的 *QGns2B-2* 主效 QTL（解释表型变异的 46.75%）（表 8-3），可利用 *Xbarcl01*、*Xcwem*，55SSR 标记跟踪和检测。受体亲本 "山农 01-35" 是利用 "37-1" 和 "核生 2 号" 创制的大粒核心种质，常年千粒重达 60g 以上。

2009 年夏组配杂交组合，秋播种植 F_1，2010 年种植 1200 个 F_2 单株，2011 年种植 1200 个 F_3 单株。各世代每行 30 粒种穗行，5cm 点播，F_2、F_3 都是 40 行区，正常肥水管理，生长期间未发生倒伏和其他严重的病虫害，组合衍生株系成熟后收获，分别测定供试单穗穗粒数。

表 8-3　穗粒数 *QGns2B-2* 位点的分子标记引物序列

引物名称 Marker name	染色体 Chromo some	F（5′→3′）	R（5′→3′）	退火温度 Annealing temperature/℃
Xbarcl01 *Xcwem55*	2B	GCTCCTCTCACGAT CACGCAAAG CCAAAACCCTGA CCTGACC	GCGAGTCGATCACACT ATGAGCCAATG GAACGTCCTTG AAGACGAG	64 50

（二）试验方法

（1）穗粒数表型测定：每年收获前，每行随机选 10 个挂牌标记的主茎穗（已测 DNA），考查穗粒数，求 10 个穗的粒数平均值作为株系的穗粒数。

（2）DNA 提取：每个种植季节，待幼苗长到三叶期时每行材料挂牌标记主茎蘗 10 ～ 20 个。冬前或春季（拔节前）取挂牌主茎蘗上的幼叶，按照改良的 CTAB 法提取 DNA 备用。

（3）SSR 标记检测：引物 Xbarc101、Xcwem55 由上海生工生物工程有限公司合成。TaqI 限制性内切核酸酶购自大连宝生物工程有限公司。PCR 反应体系 20μL，每个反应包括 40ngDNA、PCR 缓冲液、1.5mmol/L MgCl$_2$、250nmol/L 引物、2.0mmol/L dNTP 和 1UTaq 酶。PCR 反应参数：94℃ 5min；94℃ 30s，60℃ 30s，72℃ 1min，40 个循环；72℃ 4min；4℃保存。扩增产物经 6% 聚丙烯酰胺凝胶电泳，银染显色成像。

（三）实验结果

利用引物 Xbarc101 和 Xcwem55 检测了 F$_2$ 群体的 600 个单株，PCR 扩增产物中，有 127 个单株扩增出片段大小分别为 123bp 和 360bp 两条带，说明这些单株含有 QGns2B-2 主效 QTL；473 个株系未扩增出 123bp 和 360bp 条带，说明这些单株不含有 QGns2B-2 主效 QTL。

田间标记取样穗粒数调查中，含有 QGns2B-2 主效 QTL 的 127 个单株穗粒数平均 42 粒，未扩增出 123bp 和 360bp 条带的 473 个单株穗粒数平均 38.2 粒，统计达显著差异水平。QGns2B-2 差异与穗粒数表型基本相符合，说明 QGns2B-2 的分子标记可用于穗粒数的辅助选择。

二、小麦粒重基因分子标记 Hap-6A-G1-A 的功能验证

水稻中影响粒重的 Sus2 基因、CW1 基因和 GW2 基因都已在小麦中克

隆并开发了相关分子标记，在中国小麦分子辅助育种中得到应用。本课题以 3 个粒重差别很大的遗传群体（1 个 BC_2F_4 群体、1 个 RIL 群体和 1 个自然群体）为材料鉴定了小麦粒重基因 *TaGW2-6A* 的功能，验证了该基因两种等位变异 *Hap-6A/G* 与小麦粒重、粒宽和粒长的关系。

（一）供试材料

BC_2F_4 群体的杂交组合为"鲁麦 14"×"山农 01–35"，以"山农 01–35"为轮回亲本，回交 2 次后自交 3 次获得，共 134 个家系，测量结果显示父、母本的千粒重分别为 43.00g 和 60.28g，群体内家系的粒重范围为：39.91～73.40g，群体的平均千粒重为 58.80g，变异系数为 0.1609。

RIL1 群体的杂交组合为"山农 01–35"×"藁城 9411"，从 F_2 代开始，通过单粒传法传至 F_8 代，获得了含 182 个家系的 RIL 群体，测量得到父、母本的千粒重分别为 36.57g 和 60.02g，群体内家系的粒重范围为：27.28～65.97g，平均千粒重为 45.12g，变异系数为 0.1279。

自然群体包含 163 个品种和 87 个高代品系，共 250 个品种（系），其中山东省内 105 个，其他省份 145 个，测量所得千粒重范围为：23.44～61.15g，平均千粒重为 45.81g，变异系数为 0.1537。三个群体中，BC_2F_4 群体的粒重变异最大，其次是自然群体，RIL1 群体变异最小。

（二）试验方法

采用改良的 CTAB 法提取各群体各家系基因组 DNA 以进行分子标记检测，引物 *Hap-6A-P1/P2* 的反应体系和循环程序参照韩利明等的方法，略有改动（表 8–4），然后选择 12 个 *Hap-6A-A* 型的低粒重家系（8 个来自 RIL1 群体，4 个来自 BC_2F_4 群体）、10 个 *Hap-6A-G* 的高粒重家系（6 个来自 RIL1 群体，4 个来自 BC_2F_4 群体）进行 RNA 的提取和 cDNA 的分离，以

及 *TaGW2-6A* 的荧光定量 PCR，试验重复 3 次，用以确定 *TaGW2-6A* 的表达量。

表 8-4　*Hap，6A.G* 和 *Hap-6A-A* 分子标记的引物序列、
扩增片段及其相关信息

等位变异 Allele	引物 Primer	序列 Sequence	片段大小 /bp Fragment size	退火温度 /℃ Annealing temperature	参考文献 Reference
Hap-6A-G	*Hap-6A-Pl*	GTTACCTCTGGTTTGGGTGTCGTG ACCTCTCGAAAATCTTCCCAATTA	949	54	Su et
Hap-6A-A	*Hap-6A-P2*	AGAAAGGGCTGGTGCTATGGA TAACGCTTGATAAACATAGGTAAT	418	57	al.（2011）

（三）主要实验结果

（1）用标记 *Hap-6A-P1/P2* 检测三个群体，在低粒重家系（如"鲁麦14"）中出现了一条 167bp 的小片段，而高粒重家系（如"山农01-35"）中出现了一条 218bp 的大片段（图 8-1）。

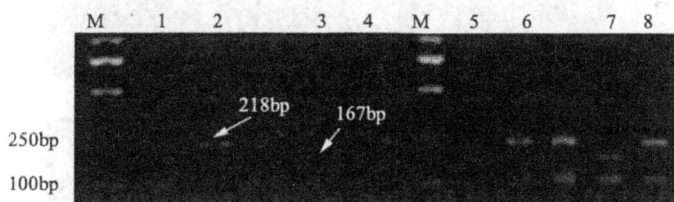

图 8-1　CAPS 标记 *Hap-6A-P1/P2* 在亲本鲁麦 14、
山农 01-35 和藁城 9411 中的多态性

M：marker；1,5：鲁麦 14；2,4,6,8：山农 01-35；3,7：藁城 9411
M:marker；1,5:Lumai14；2,4,6,8:Shannong01-35；3,7:Gaocheng9411

（2）将 BC$_2$F$_4$ 群体两亲本"鲁麦 14"和"山农 01-35"的第二轮 PCR 产物测序并进行序列比对，发现低粒重亲本鲁麦 14 的扩增产物中包含三个限制性内切核酸酶 TaqI 的酶切位点（该酶的识别序列为 TCGA），酶切后产

生 167bp 的小片段，因此低粒重亲本"鲁麦 14"为 *Hap-6A-A* 型等位变异，而高粒重亲本"山农 01–35"的扩增产物在第 3 个酶切位点的第 4 个碱基处发生了单碱基变化（A→G），限制性内切核酸酶 TaqI 不识别 TCGG 序列，从而导致第 3 个酶切位点缺失，仅存在 2 个酶切位点，故酶切产生了 218bp 的大片段，因此高粒重亲本"山农 01–35"为 *Hap-6A-G* 型等位变异（图8–2）。

（3）低粒重亲本（"藁城 9411"和"鲁麦 14"）*TaGW2-6A* 的表达量高于高粒重亲本（"山农 01–35"）。*Hap-6A-A* 型低粒重家系中 *TaGW2-6A* 的表达量显著高于 *Hap-6A-G* 型高粒重家系的表达量。*Hap-6A-A* 和 *Hap-6A-G* 两种单倍型家系的 *TaGW2-6A* 表达量间差异显著（P=0.05），这表明 *TaGW2-6A* 的表达量与粒重、粒宽和粒长呈负相关。这与 Su 等（2011）的结果一致。

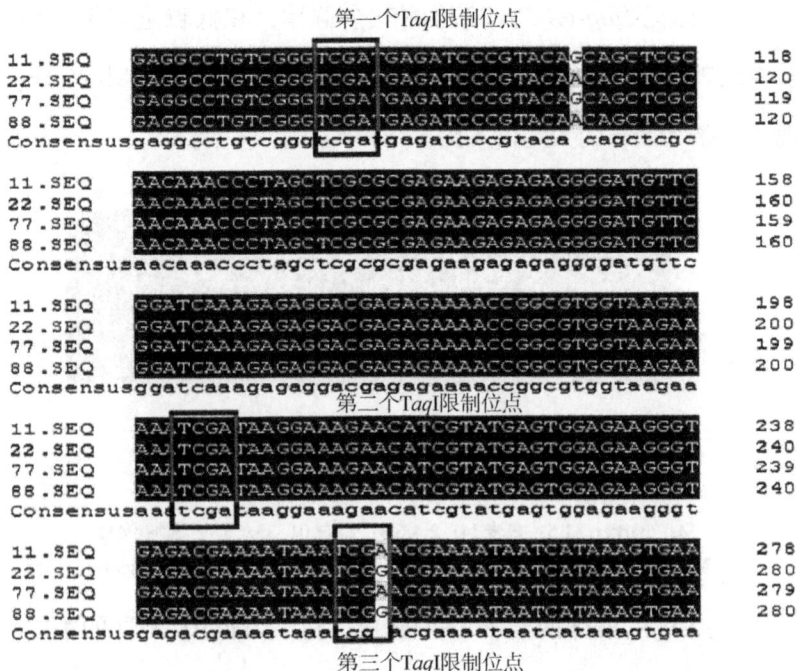

图 8-2　"鲁麦 14"和"山农 01–35"第二轮扩增产物的序列比对

11,77: 鲁麦 14；22,88: 山农 01–35　11,77:Lumai14；22,88:Shannong01–35

（四）不同研究的差异及其原因

此研究结果与前人有三点不同。其一，Su 等用 265 个编入中国微核心种质的品种进行 *TaGW2-6A* 单体型与籽粒形状的相关分析，发现含有 *Hap-6A-A* 的品种 2002 年和 2006 年的平均千粒重分别为 38.08g 和 38.15g，而含有 *Hap-6A-G* 的品种两年的平均千粒重分别为 34.60g 和 35.41g，两种等位变异品种的平均千粒重在两年间均达到差异极显著。单独用其中的 114 个现代品种进行研究，也有相似的规律，但是单独用其中的 151 个农家品种进行分析时，差异不显著。由此得出具有 *Hap-6A-A* 单体型的材料比含有 *Hap-6A-G* 单体型的材料具有较高的粒重和粒宽。而我们的实验结果是，低粒重亲本"鲁麦 14"和"藁城 9411"为 *Hap-6A-A* 型变异（酶切出 167bp 的小片段），而高粒重亲本"山农 01–35"为 *Hap-6A-G* 型变异（酶切出 218bp 的大片段，图 8–1）。此外，*Hap-6A-A* 型等位变异的家系或品种（系）比 *Hap-6A-G* 型等位变异的家系或品种（系）具有较低的平均粒重、粒宽和粒长，且达到差异极显著水平。其二，目前有关 TaGW2 两种等位变异 *Hap-6A-A/G* 的研究者 Su 等认为等位变异 *Hap-6A-A* 是影响小麦粒重、粒宽的优异等位基因，可用于 TaGW2 两种变异类型在不同地域品种中的分布研究，也可用于提高粒重和产量的分子标记辅助选择。而本研究认为 *Hap-6A-GG* 才是影响小麦粒重和粒宽的优异等位基因，在育种中的作用更大。其三，关于 *Hap-6A-A/G* 影响粒重、粒宽的原因，Su 等认为大粒基因型中的 3 个 TaqI 酶切位点（识别序列为 TCGA）对应的第二轮 PCR 产物酶切后产生 167bp 的小片段，而小粒品种中只有 2 个酶切位点对应的酶切产物为 218bp 的大片段。有研究对第二轮 PCR 产物进行测序后发现，小粒亲本"鲁麦 14"的 PCR 产物中有 3 个 TaqI 酶切位点，因此酶切后产生 167bp 的小片段，而大粒亲本"山农 01–35"的 PCR 产物中第 3 个酶切位点的第 4 个碱

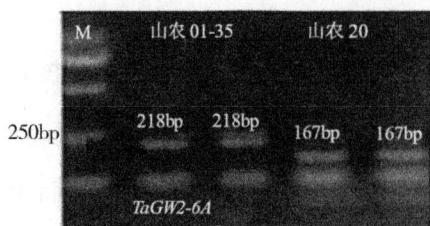

图 8-3 *TaGW2-6A* 基因的分子标记在 "山农 20" 和 "山农 01-35" 中的扩增结果

基处发生了单碱基变异（A→G），TaqI 内切酶不识别 TCGG 序列，从而导致第 3 个酶切位点缺失，仅存在两个酶切位点，产生了 218bp 的大片段（图 8-3）。

三、利用大粒基因标记 *Hap-6A-P1P2* 进行粒重的分子辅助选择

Su 等认为 *TaGW2-6A* 基因的两种等位变异 *Hap-6A-A/G* 的分子标记可用于提高粒重和产量的分子标记辅助选择。在本节 "小麦粒重基因分子标记 *Hap-6A-G1-A* 的功能验证" 中我们已证明 *Hap-6A-G* 是影响小麦粒重和粒宽的优异等位基因，在育种中对粒重的提高有较大的作用。因此，本研究利用含有小麦粒重和粒宽的优异等位基因（*Hap-6A-G*）的育种元件 "山农 01-35"，与高成穗率、中粒重的 "山农 20" 的杂交组合后代，进行小麦粒重的辅助育种选择取得了较为理想的结果。

（一）亲本材料

TaGW2 的基因供体亲本为 "山农 01-35"，是本实验室利用 "39-1" 和 "核生 2 号" 创制的大粒核心种质。千粒重常年稳定在 60～65g，含有 *QGW6A-29*、*TaGW2* 等大粒基因 / QTL，标记 *Hap-6A-P1/P2* 能很好地区分 *TaGW2-6A* 位点的两种等位变异 *Hap-6A-A* 和 *Hap-6A-G*，可作为千粒重辅助选择的有效位点。受体 "山农 20" 是目前生产上主推的成穗率高、稳产性好、中等粒重（常年千粒重 42g 左右）的高产品种。

（二）分子标记选择群体

为两亲本有性杂交的 $F_{2:3}$ 群体。该组合 2008 年杂交，2010 年大田种植

F_1，2011 年大田种植 1200 个 F_2 单株，2012 年春随机选取 600 株用于粒重的分子标记辅助选择。

（三）研究结果

随机标记的 600 个 F_2 个单株中，经 TaqI 限制性内切核酸酶酶切后，PCR 扩增产物，可扩增出大小为 167bp 和 218bp 的两种片段（图 8-3），分别对应高、低粒重等位变异 Hap-6A-A 和 Hap-6A-GG。在 600 个 F_2 单株群体中，425 株系检测含有 218bp 大片段，154 个单株检测含有 167bp 小片段，21 个株系两条带均存在（可能由于 TaqI 限制性内切核酸酶没切开或种子杂合）。出现大、小片段株系比率约为 2.64∶1.0，表明这个控制粒重的基因为显性基因。在分子标记的 600 个 F_2 单株的平均粒重为 45.12g，千粒重范围 27.28 ～ 65.97g，变异系数为 0.1279。粒重大于 45g 的有 458 个单株，占总株系数的 76.33%，穗粒数小于 45g 的有 142 个单株，占总株系数的 23.67%。可以看出高粒重的分离比例和分子标记检测频率基本一致。值得注意的是粒重分子标记结合田间性状选择，选育出成穗数和穗粒数同"山农 20"，但粒重大大提高（54g 以上）的一些优异株系。由此得出利用标记 Hap-6A-Pl/P2 能很好地区分 TaGW2-6A 位点的两种等位变异 Hap-6A-A 和 Hap-6A-G，可以有效地进行千粒重的分子标记辅助选择。

四、穗长基因的应用及分子标记辅助选择

影响产量性状的因素较多，除了产量三要素外，穗长也是育种目标的重要性状之一。已有研究表明穗长属于数量性状，但具有较高的遗传力。许多学者对穗长进行了遗传定位，发现控制穗长性状的 QTL 在小麦染色体组中广泛存在，且牵涉的染色体较多；其中利用单体材料分析发现六倍体小麦 4A、5A、6A、7A、1B、3B、4B、5B、6B、7D 染色体明显影响穗

长；1B、2D、5A、7A、3D 和 6D 染色体具有增长穗长的功效；在巨穗小麦中 3A、5A、2B、1D、6D 染色体上有控制穗长的基因，其中 2B 染色体功效较大；在普通六倍体小麦中 1A、1B、4A、7A 染色体上有影响穗长的主效基因。但是，目前用于实际分子育种的穗长分子标记却很少。因此，研究有关穗长的 QTL/ 基因，利用分子标记技术提高穗长，进而提高穗粒数，最终提高产量获得高产小麦新品种，在实际育种工作中具有重要的意义。

（一）穗长主效 QTL 及其紧密连锁的标记选择

如前所述，用"豫麦 57"（父本）和"花培 3 号"（母本）培育的具有 168 个家系的双单倍体群体进行的穗长 QTL 分析表明，共定位到 34 个穗长的 QTL 位点，其中 13 个为主效 QTL 位点，位于 2D 染色上，其贡献率变异范围为 11.55%～ 23.45%。

在 3 个分子标记区间（XGWM296-XJWMC112-XCFD53-XWMC18），分别定位到 2 个、6 个和 5 个主效 QTL 位点。其中 QSI2D-1（XGWM296-XWMC112）和 QSI2D-3（XWMC112-XCFD53）为主效 QTL，分别解释表型变异的 15.85% 和 23.45%。在 12 个环境下共同定位出的 QSI2D-1 在染色体上的位置是 0.9cM，与标记 XWMC112 在相同的位置；而在 6 个环境下定位的 QSI2D-3 在染色体上的位置距离标记 XCFD53 较近；因此，根据 QTL 位点在染色体上的位置，标记 XWMC112 和 XCFD53 是穗长紧密连锁的标记（表 8–5）。

表 8–5　四个穗长的分子标记及其序列

引物名称 Marker name		序列 Sequence
XGWM296	F R	AATTCAACCTACCAATCTCTG GCCTAATAAACTGAAAACGAG
XWMC112	F R	TGAGTTGTGGGGTCTTGTTTGG TGAAGGAGGGCACATATCGTTG
XCFD53	F R	CCCTATTTCCCCCATGTCTT AAGGAGACATATCGTTG
XWMC18	F R	CTGGGGCTTGGATCACGTCArfT AGCCATGGACATGGTGTCCTTC

（二）分子标记选择群体和结果

选择群体为长穗偃麦草与普通小麦回交的 BC_3F_2 群体。

2013 年春随机选取 300 株用于穗长的分子标记辅助选择。如图 8-4 所示，在 4、5、6 泳道的材料中，用标记 *XCFD53* 可扩增出 245bp 片段，而在编号 1、2、3 泳道的中短穗系中没有扩增出该片段；同样，用标记 *XWMC112* 在 4、5、6 泳道的材料中扩增出 233bp 片段，而在编号 1、2、3 泳道的材料中没有扩增出该片段，说明 4、5、6 泳道中的材料为长穗株系，1、2、3 泳道中的材料为中短穗株系。结合表型调查，发现穗长的表性调查和分子标记辅助选择的结果比较一致，说明标记 *XWMC112* 和 *XCFD53* 可用于小麦穗长的分子标记辅助选择。

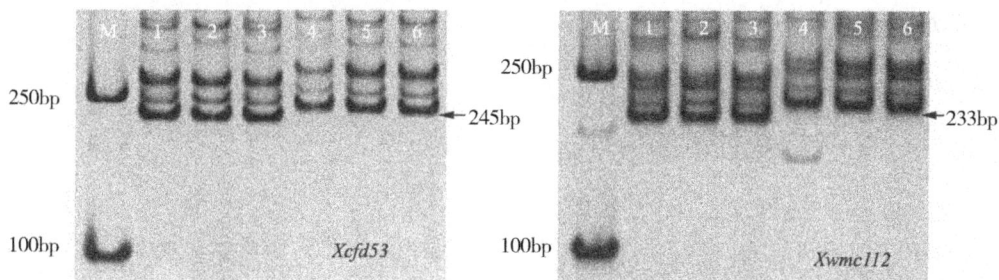

图 8-4　SSR 标记 *Xcfd53* 和 *Xwmc112* 在长穗偃麦草与普通小麦回交的 BC_3F_2 群体中的扩增结果

1、2、3 泳道属于中短穗株系，1、2、3lanebelongtoshort-spikelines；
4、5、6 泳道属于长穗株系，4、5、6lanebelongtolong-spikelines

五、其他产量性状分子标记的应用

在育种实践中，利用通过 QTL 定位得到的一些主效 QTL 分子标记，进行了单株产量、分蘖数、穗粒重等性状的分子标记辅助选择。

利用控制单株产量的 *qGY2Da* 主效 QTL（效应值 14.0%）的 *Xcfd53* 分子标记（CCCTATTTCCCCCATGTCTT；CCCTATTTCCCCCATGTCTT）在

早代选出了一些分蘖成穗率高、单株产量好的株系。

利用控制小穗着生密度的 *QSc2D-18* 主效 QTL（效应值 69.5%）的分子标记 *wPt-6343*，利用控制可育小穗数的 *QFsn6A.1-22* 主效 QTL（效应值 30.02%）的分子标记 *wPt-0959*，分别或联合进行了小穗着生密度和可育小穗数的分子标记辅助育种，选出了一批小穗密度大、不育小穗数少的多花多粒株系。

另外，进行的冬前最大分蘖、分蘖成穗率和穗重的分子标记辅助选择，这些研究有的选择效率较高，有的选择效率效果不好，有的基本无法应用。总之，小麦的产量性状的分子标记辅助选择已取得了一定进展，但由于产量性状都是数量性状，加上真正用于直接选择的功能标记不多，产量性状的分子标记辅助选择，特别是与常规育种株系选育紧密结合的分子标记辅助选择还需进一步地研究和实践。

第九章　主要品质性状的分子标记及其应用

随着经济发展和人们生活水平的提高，人们对小麦品质的要求越来越高，在市场的拉动下，小麦品质改良被列为重要育种目标。尽管近20年来我国在小麦品质育种上已取得了许多重要进展，但由于采用的常规育种技术效率较低，短时间内选出高产优质的品种有较大困难。分子标记辅助选择等新技术为将来更有效地开展小麦品质育种提供了一条快捷、前景广阔的道路。本节综述国内外主要品质性状分子标记辅助育种的研究现状，并梳理出能够较好地应用于辅助育种的品质性状分子标记，为小麦品质性状的分子标记辅助育种提供支撑。

第一节　主要品质性状的分子标记

一、通过QTL定位获得的品质性状分子标记

以DH群体为主和2个RIL群体为辅，进行了主要籽粒品质、面粉品质、面团品质和加工品质等92个性状的QTL分析，其中氨基酸、面团吹泡参数、面条TPA质构参数、面条拉伸质构参数、馒头质构参数等相关性状的QTL分析在国内都是首次进行的。通过92个品质相关性状的QTL分

析，共鉴定到 56 个调控品质性状的主效 QTL 位点（贡献率 >10%），其解释性状变异范围为 10.1%～ 51.97%。其中，籽粒品质方面，检测到控制籽粒蛋白质含量的 1 个主效 QTL，控制千粒重、粒长和粒径各有 1 个主效 QTL；面粉品质方面，检测到控制面粉蛋白质量的 1 个主效 QTL，控制谷氨酸和丝氨酸各有 1 个主效 QTL，控制湿面筋含量有 1 个主效 QTL，控制面筋指数的 2 个主效 QTL，控制面粉白度、多酚氧化酶、a 值的主效 QTL 各有 1 个，控制沉淀值的主效 QTL 有 1 个，控制峰值黏度的主效 QTL 有 1 个，控制低谷黏度的主效 QTL 有 3 个，控制稀懈值的主效 QTL 有 2 个，控制最终黏度的 QTL 有 2 个，控制反弹值的主效 QTL 有 3 个，控制糊化温度和糊化时间的主效 QTL 各有 1 个，控制降落值和粗淀粉含量的主效 QTL 各有 1 个；面团品质方面，控制粉质仪参数吸水率、面团稳定时间、断裂时间的主效 QTL 各有 1 个，控制公差指数的主效 QTL 有 2 个，控制面团揉混参数峰值时间、峰值高度、曲线下面积的主效 QTL 各有 1 个，控制面团吹泡参数的面团延展性、面团膨胀系数和弹性指数的主效 QTL 各有 1 个，控制吹泡参数面团强度的主效 QTL 有 2 个；加工品质方面，控制面条评分参数黏弹性和品尝评分的主效 QTL 各有 1 个，控制面条 TPA 参数咀嚼性的主效 QTL 有 2 个，控制馒头质构参数硬度的主效 QTL 有 3 个，控制馒头质构黏着性的主效 QTL 有 4 个，控制馒头质构黏聚性的主效 QTL 有 1 个，控制馒头质构回复性的主效 QTL 有 2 个。

多数控制品质性状的主效 QTL 定位于 1D 染色体上（表 9–1），且在标记 *Xwmc93-GluD1* 和 *Glu-D1-wPt-3743* 区段之间，已知该区段是与品质性状相关的重要区段，存在控制品质性状的基因簇；此外，1B、3A 和 6A 染色体上也存在与某些品质性状相关的 QTL/ 基因。DArT 标记和所有两侧标记的引物序列及其扩增反应条件可在网上查询到。这些品质性状的分子标记在育种中可用于分子标记辅助选择和聚合育种。

表 9-1　本课题组检测到的品质性状主效 QTL（PVE>10%）

性状 Trait	QTL	标记区间 Flanking marker	引物序列（5′ +3′） sequence of marker	贡献率 （PVE） /%
面粉蛋白质含量 Flour protein content	QFpc3A	Xbarc86 Xwmc21	GCGCTTGCTTTATTAGTAGGTAT TCCCACGATAGTATTTGATGTT CGCTGCCGTGTAACTCAAAATC AGTTAATTGGGCGCTCCAAGAA	15.11
谷氨酸 Glu	QGlu3A	Xbarc86 Xwmc21	同位点 QFpc3A 同位点 QFpc3A	10.1
丝氨酸 Serine	QSer3A	Xbarc86 Xwmc21	同位点 QFpc3A 同位点 QFpc3A	12.4
湿面筋含量 Wet gluten content	qGlu3A	Xbarc86 Xwmc21	同位点 QFpc3A 同位点 QFpc3A	10.25
面筋指数 Gluten index	qGlu in2D qGlu in5D	Xgwm261 Xgwm296 Xwmc215 Xgdm63	CTCCCTGTACGCCTAAGGC CTCGCGCTACTAGCCATTG AATTCAACCTACCAATCTCTG CTAATAAACTGAAAACGAG CATGCATGGTTGCAAGCAAAG CATCCCGGTGCAACATCTGAAA GCCCCCTATTCCATAGGAAT CCTTTTGATGGTGCATAGGA	11.07 10.11
a※值 a※value	qalB	Xbarc372 Xwmc412.2	CGCTTGCCTAATGATGAAAACTAAT CGCAAGGGCATGAAGAAAGGTAGAT GATCCCCTCCAAAAGTAGCATCT CTTCAACTGCCTGCACACAAC	25.64
多酚氧化酶 Polyphenol oxidase	qPp02D	Xcfd53 Xwmc18	CCCTATTTCCCCCATGTCTT AAGGAGGGCACATATCGTTG CTGGGGCTTGGATCACGTCATT AGCCATGGACATGGTGTCCTTC	15.64
面粉白度 Flour whiteness	Qfwh-/D	Xcfd183 wPt-729773	ACTTGCACTTGCTATACTTACGAA GTGTGTCGGTGTGTGGAAAG http://www.triticarte.com.au/	43.08 （51.97）

续表

性状 Trait	QTL	标记区间 Flanking marker	引物序列（5′+3′） sequence of marker	贡献率 （PVE） /%
沉淀值 Sedimentation volume	Qzsv-lB	Xwmc412.2	GATCCCCTCCAAAAGTAGCATCT CTTCAACTGCCTGCACACAAC TGCGTCACCACCTTCTACC GAAGACTAACCAGAGCAGGCA	14.39
低谷黏度 Trough viscosity	QTrv-7D.1	Wx-D1 wPt-664368	CGAGCGGCTACTCAAGAGC GGCGGTCATCTGTCATTTCC http://www.triticarte.com.au/	14.04 （11.49）
稀懈值 Breakdown	QBd-2D.1 QBd-4A	wPt-6687 wPt-731336 Xwmc718 Xwmc262	http://www.triticarte.com.au/ http://www.triticarte.com.au/ GGTCGGTGTTGATGCACTTG TCGGGGTGTCTTAGTCCTGG GCTTTAACAAAGATCCAAGTGGC GTAAACATCCAAACAAAGTCGAACG	30.02 （36.33） 21.34
最终黏度 Final viscosity	QFv-6A QFv-7D	Xwmc718 Xwmc262	GCCAGACGCACAGGGACAAGATACACTA GCCGTACCCTGGTTATTGTTG CGGAGCATGCAGCTAGTAA CGCCTGCAGAATTCAACAC 同位点 QTrv-7D.1	11.56 17.45 （16.1）
反弹值 Setback	QSb-4A QSd-4A QSd-7D	Xbarc1055 Xwmc553 Wx-D1 wPt-664368	GCTTTAACAAAGATCCAAGTGGC GTAAACATCCAAACAAAGTCGAACG GGCCTAATTACAAGTCCAAAAG GCTCAAAGTAAAGTTCACGAATAT AACCAGCAGCGCTTCAGCCT TTGAGCTGCGCGAAGTCGTC http://www.triticarte.com.au/ 同位点 QTrv-7D.1	15.52 17.68 （22.44） 15.04 （25.87）
糊化时间 Pasting time	QPt-7D.2	Wx-D1 wPt-664368	同位点 QTrv-7D.I	14.46 （13）
降落值 Falling number	Qfn-6A	Xbarc1055 Xwmc553	同位点 QFv-6A	10.65
吸水率 Water absorption	QFwa-4B	Xwmc48 Xbarc1096	GAGGTTCTGAAATGTTTTGCC ACGTGCTAGGGAGGTATCTTGC GCGTTCGCATATACGTCGTATACAT GGTGGTGAAGAGGCATGCCCAACAAA	12.36
面团稳定时间 Dough stability time	QDst-lD	Xwmc93 GluD1	ACAACTTGCTGCAAAGTTGACG CCAACTGAGCTGAGCAACGAAT	26.56

续表

性状 Trait	QTL	标记区间 Flanking marker	引物序列（5′+3′） sequence of marker	贡献率 （PVE） /%
公差指数 Tolerance index	QMti-lB	Xbarc312	GGTGTCCGTGCGCGCCAGAAAAT GCACGGAACTGTTGGGTCTAGCC	15.66
	QMti-lD	Xcfe023.1 Xwmc93 GlttD1	TGCGTCACCACCTTCTACC GAAGACTAACCAGAGCAGGCA 同位点 QDst-lD	14.52
断裂时间 Breakdown time	QBdt-lD	Xwmc93 GluD1	同位点 QDst-lD	19.63
峰值时间 Midline peak time	QMPT-1D.2	Glu-D1 wPt-3743	http://www.triticarte.com.au/	34.1 （22.91/ 35.08）
峰值高度 Midline peak value	QMPV-1D.1	cfd-183 wPt-729773	同位点 Qfwh-lD	15.59 （10.39/ 10.98）
曲线下面积 MPI Midline peak integral	QMPI-1D.2	Glu-D1 wPt-3743	同位点 QMPT-1D.2	32.83 （20.43/ 27.22）
面团的延展 性 Dough extensibility	QDextlB	Xbarc061 Xwmc766	TGCATACATTGATTCATAACTCTCT TCTTCGAGCGTTATGATTGAT AGATGGAGGGGATATGTTGTCAC TCGTCCCTGCTCATGCTG	13.82
膨胀系数 Expansion	QSinlB	Xbarc061 Xwmc766	同位点 QDextlB	11.66
面团强度 Dough strength	QDstrenlB	Xwmc626 Xbarc119 Xwmc93 GluD1	AGCCCATAAACATCCAACACGG AGGTGGGCTTGGTTACGCTCTC CACCCGATGATGAAAAT GATGGCACAAGAAATGAT 同位点 QDstlD	14.13 17.74
弹性指数 Elasticity index	QEinlD	Xwmc93 GluD1	同位点 QDst-lD	28.28
面条TPA参 数咀嚼性 Chewiness of noodle	Qche-lB Qche-lD	Xwmc412.2 Xcfe023.2 Xwmc93 GluD1	同位点 Qzsv-lB 同位点 QDst-lD	11.61 10.28

续表

性状 Trait	QTL	标记区间 Flanking marker	引物序列（5′+3′） sequence of marker	贡献率 （PVE） /%
馒头质构硬度 Hardness of steamed bread	Qha6B	Xcfd48	ATGGTTGATGGTGGGTGTTT ATGTATCGATGAAGGGCCAA	18.085
	Qha782	Xwmc415	AATTCGATACCTCTCACTCACG TCAACTGCTACAACCTAGACCC	35.1694
		Xwmc581	CATGTTGCCATCAAACTCGC GCTATTGACATGCAACTATGGACCT	
		Xbarc050	GCGTAGGGAGTCACAAATI'AGTATAGGT TGCGCCTTCCCTTTCTTGACTCT	
馒头质构黏聚性 Cohesiveness of steamed bread	Qha7B2	Xwmc273.1	AGTTATGTATTCTCTCGAGCCTG GGTAACCACTAGAGTATGTCCTT	19.1932
		Xcfd22.1	GGTTGCAAACCGTCTTGTTT AGTCGAGTTGCGACCAAAGT	
	Qc03B	Xwmc307	GTTTGAAGACCAAGCTCCTCCT ACCATAACCTCTCAAGAACCCA	19.0557
		Xgwm566	TCTGTCTACCCATGGGATTTG CTGGCTTCGAGGTAAGCAAC	
馒头质构黏着性 Adhesiveness of steamed bread	Qad6B	Xwmc74	AACGGCATTGAGCTCACCTTGG TGCGTGAAGGCAGCTCAATCGG	13.3475
		Xgwm58	TCTGATCCCGTGAGTGTAACA GAAAAAAATTGCATATGAGCCC	
	Qad4A	Xbarc078	CTCCCCGGTCAAGTTTAATCTCT GCGACATGGGAATITCAGAAGTGCCrfAA	29.349
		Xwmc722	GCTTTTCGATGGGATGGTGC TTTGTCCACTGCCTTCTGCC	
	QadlB	Xcfe026.2	ATGACCCTAGAAGGCGGTG ATGCTCAAGCCGAGGAAGTA	26.0446
		Xbarc061	TGCATACATTGATTCATAACTCTCT TCTTCGAGCGTTATGATTGAT	
	Qad2A	Xbarc264	CCCTGCTCCATCCTCTGTTG GGGGTACAAACATAGTCTCTTAGCA	18.0936
		Xgwm448	AAACCATATTGGGAGGAAAG CACATGGCATCACATTTGTGT	
馒头质构回复性 Resilience of steamed bread	Qre2B	Xgwm210	TGCATCAAGAATAGTGTGGAAG TGAGAGGAAGGCTCACACCT	11.8366
		Xwmc382.2	CATGAATGGAGGCACTGAAACA CCTTCCGGTCGACGCAAC	
	Qre3B	Xwmc307 Xgwm566	同位点 Qc03B	19.9542

二、目前国内外应用较好的品质性状分子标记

通过 QTL 定位方法鉴定的可用 MAS 的分子标记外，国内外其他科学工作者也鉴定了品质性状的 QTL 并进行了相关性状的分子标记开发和应用

第九章 主要品质性状的分子标记及其应用

工作。澳大利亚科工组织植物产业部开发的品质性状的分子标记主要有茎秆水溶性碳水化合物（WSC）、β-醇溶蛋白、*GluA3* 等位基因 *a-g*、*Glu-1Bx70E*、面粉颜色 *Psy-A1* 和 ε-环化酶等（袁建霞等，2012），其中，β-醇溶蛋白和 GluA3 等位基因 *a-g* 的分子标记来源于基因的 SNP 标记，Glu-1Bx70E 的标记为共显性标记，面粉颜色 Psy-A1 和 ε-环化酶的分子标记为基于 SNP 开发的 CAPS 标记。利用 MAS 方法，澳大利亚阿德雷德大学反向选择了不受欢迎的面粉黄度。此外，目前开发且利用比较好的品质性状的分子标记多集中在籽粒蛋白质含量基因 *Gpc-B1*、籽粒硬度基因 *Pina/Pinb/Pinc*，以及面粉色泽有关的黄色素、多酚氧化酶、淀粉品质有关的颗粒结合型淀粉酶基因、高分子质量谷蛋白亚基基因、低分子质量谷蛋白亚基基因、醇溶蛋白亚基基因等方面；共开发出 63 个应用比较好的分子标记，且多集中 1A、1B、1D、2A、2D、4A、4B、5D、6B、7A、7B 和 7D 染色体上。表 9-2 是文献报道的应用较好的主要品质性状分子标记及其序列。

表 9-2　应用较好的主要品质性状分子标记及其序列

性状 Trait	位点 Locus	标记 Marker	引物序列 Primer sequence（5′→*3′）	等位基因 Allele
多酚氧化酶活性 Polyphenol oxidase activity	Ppo-A1	PP018	AACTGCTGGCTCTTCTTCCCA AAGAAGTTGCCCATGTCCGC	Ppo-A1a Ppo-A1b
		PP033	CCAGATACACAACTGCTGGC TGATCTTGAGGTTCTCGTCG	Ppo-A1a
	Ppo-D1	PP016	TGCTGACCGACCTTGACTCC CTCGTCACCGTCACCCGTAT	Ppo-A1b
		PP029	TGAAGCTGCCGGTCATCTAC AAGTTGCCCATGTCCTCGCC	Ppo-D1a
		PP0-19	AACTGCTGGCTCTTCTTCCCA AAGAAGTTGCCCATGTCCGC	Ppo-D1b
脂氧酶活性 Lipoxygenase activity	TaLox-B1	LOX16	CCATGACCTGATCCTTCCCTT GCGCGGATAGGGGTGGT	TaLox-B1a
		LOX18	ACGATGTGAGTTGTGACTTGTGA GCGCGGATAGGGGTGC	TaLox-B1b

·159·

性状 Trait	位点 Locus	标记 Marker	引物序列 Primer sequence（5′→*3′）	等位基因 Allele
黄色素含量 Yellow pigment content	Psy-A1	YP7A	GGACCTTGCTGATGACCGAG	PsyAla
			TGACGGTCTGAAGTGAGAATGA	PsyAlb
		YP7A-2	GCCAGCCCTTCAAGGACATG	PsyAla
			CAGATGTCGCCACACTGCCA	PsyAlb
	Psy-B1	YP7B-1	GCCACAACTTGAATGTGAAAC	PsyAlc
			ACTTCTTCCATTTGAACCCC	Psy-Bla
		YP7B-2	GCCACCCACTGATTACCACTA	Psy-Blb
			CCAAGrGTGAGGGTCTTCAAC	Psy-Blc
		YP7B-3	GAGTAAGCCACCCACTGATT	Psy-Bld
			TCGCTGAGGAATGTACTGAC	Psy-Ble
		YP7B-4	AGGTACCAGCCAGCCCATA	Psyl-Dla
			CTCGTCAAAGTTCGTGTACC	Psyl-Dlg
	Psyl-D1	YP7D-1	TCCGACACCATCACCAAGTTCC	Psyl-Dla
			CGTTGTAGGTTTGTGGGAGT	Psyl-Dlg
		YP7D-2	ACTCCCACAAACCTACAACG	
			ACGCTCATCAACCCCACG	
	TaZds-A1	YP2A-I	CCCTAAGGAAGCCGAGCAAAT	TaZds-Ala
			GTGAGAGTACTAATGTTATGACCG	TaZds-Alb
	TaZds-D1	YP2D-1	GTGGGATCCTGTTGCTTATGC	TaZds-Dla
			GTAGATTATCCAAGCCAACTGCC	TaZds-Dlb
面包和面条加工品质 Bread and noodle-making quality	Glu-A1	UMN19	CGAGACAATATGAGCAGCAAG	Ax2*
			CTGCCATGGAGAAGTTGGA	Axl
		Ax2*	ATGACTAAGCGGTTGGTTCTT	Ax-null
			ACCTTGCTCCCCTTGTCTTT	Ax2*
		Axl	GTGTGAGCGCGAGCTCCAGGAA	
	Glu-B1	bx7-f/r	CGGAGAAGTTGGGTAGTACCCTGC	
			CACTGAGATGGCTAAGCGCC	Bx-6
		*	GCCTTGGACGGCACCACAGG	
			ACGTGTCCAAGCTTTGGTTC	Bx70E
		*	GATTGGTGGGTGGATACAGG	
			CCACTTCCAAGGTGGGACTA	Bx70E
		Bx	TGCCAACACAAAAGAAGCTG	
			CGCAACAGCCAGGACAATT	nonBx17
		ZSBy8F5/R5	AGAGTTCTATCACTGCCTGGT	Bx17
			TTAGCGCTAAGTGCCGTCT	By8
		ZSBy9aFl/R3	TTGTCCTATTTGCTGCCCTT	nonBy8
			TTCTCTGCATCAGTCAGGA	By9
		ZSBy9F7/R6	AGAGAAGCTGTGTAATGCC	nonBy9
			TACCCAGCTTCTAGCAG	By9
		ZSBy9F2/R2	TTGTCCCGACTGTTGTGG	By16
			GCAGTACCCAGCTTCTCAA	Bynull
		Bxl4-1	CCTTGTCTTGTTTGTTGCC	Bx20
			GCCCATI'ACGTGGCTI'TAGCAGACC	
		Bxl4-2	GCTCGAGCTCGCGCTTCCGG	
			TAAGCGCCTGGTCCTCTTTGCG	
	G/Lr-D1	UMN25	CTTGTTGTGCTTGTCCTGAT	
			GGGACAATACGAGCAGCAAA	Dx2

性状 Trait	位点 Locus	标记 Marker	引物序列 Primer sequence（5′→*3′）	等位基因 Allele
面包和面条加工品质 Bread and noodle-making quality		*Dx5*	CTTGTTCCGGTTGTTGCCA	Dx5
			CGTCCCTATAAAAGCCTAGC	Dx5
			AGTATGAAACCTGCTGCGGAC	Dx5
		*	GCCTAGCAACCTTCACAATC	
			GAAACCTGCTGCGGACAAG	
		UMN26	CGCAAGACAATATGAGCAAACT	Dy10
			TTGCCTTTGTCCTGTGTGC	Dy12
		P3/P4	GTTGGCCGGTCGGCTGCCATG	Dy10
			TGGAGAAGTTGGATAGTACC	Dy12
		5+10	TTTGGGGAATACCTGCACTACTAAAAAGGT	
			AAAAGGTATTACCCAAGTGTAACTTGTCCG	
	Glu-A3	*gluA3a*	AATTGTCCTGGCTGCAGCTGCGA	
			AAACAGAATTATTAAAGCCGG	Glu-A3a
		ghtA3b	GGTTGTTGTTGTTGCAGCA	
			TTCAGATGCAGCCAAACAA	Glu-A3b
		gluA3d	GCTGTGCTTGGATGATACTCTA	
			TTCAGATGCAGCCAAACAA	Glu-A3d
		gluA3e	TGGGGTTGGGAGACACATA	Glu-A3e
			AAACAGAATTATTAAAGCCGG	
		gluA3f	GGCACAGACGAGGAAGGTT	Glu-A3f
			AAACAGAATTATTAAACGG	
		gluA3g	GCTGCTGCTGCTGTGTAAA	
			AAAAGAATTATTAAAGCCGG	Glu-A3a
		gluA3ac	AAACAACGGTGATCCAACTAA	Glu-A3c
			AAAAGAATTATTAAAGCCGG	Glu-B3a
	Glu-B3	*gluB3a*	GTGGCTGTTGTGAAAACGA	Glu-B3b
			CACAAGCATCAAAACCAAGA	Glu-B3c
		gluB3d	CATATCCATCGACTAAACAAA	
			CACCATGAAGACCTTCCTCA	Glu-B3d
		gluB3e	GTTGTTGCAGTAGAACTGGA	
			GACCTTCCTCATCTTCGCA	Glu-B3e
		gluB3g	GCAAGACTTTGTGGCATT	
			CCAAGAAATACTAGTTAACACTAGTC	Glu-B3g
		gluB3h	GTTGGGGTTGGGAAACA	
			CCACCACAACAAACATTAA	Glu-B3h
		gluB3i	GTGGTGGTTCTATACAACGA	
			TATAGCTAGTGCAACCTACCAT	Glu-B3i
		gluB3bef	TGGTTGTTGCGGTATAATTT	Glu-B3b
			GCATCAACAACAAATAGTACTAGAA	Glu-B3e
		gluB3fg	GGCGGGTCACACATGACA	Glu-B3f
			TATAGCTAGTGCAACCTACCAT	Glu-B3f
			CAACTACTCTGCCACAACG	Glu-B3g

续表

性状 Trait	位点 Locus	标记 Marker	引物序列 Primer sequence（5′→*3′）	等位基因 Allele
淀粉品质 Starch property	Wx-B1	*	CTGGCCTGCTACCTCAAGAGCAACT CTGACGTCCATGCCGTTGACGA	Wx–Bla
		Wildtype	CTGGCCTGCTACCTCAAGAGCAACT GGTTGCGGTTGGGGTCGATGAC	Wx–B1
		Null	CGTAGTAAGGTGCAAAAAAGTGCCACG ACAGCCTTATTGTACCAAGACCCATGTGTG	NullWx–B1
	wx-A1		CCAAAGCAAAGCAGGAAACC TACCTCGGAGATGACGCTGG	
	wx-D1		CGAGCGGCTACTCAAGAGC GGCGGTCATCTGTCATTTCC	
籽粒硬度 Grain hardness	Pin-a		TCAACATTCGTGCATCATCA CTTCATTCGTCAGAGTTCCAT	Pina–Dlr
	Pin-b		ATGAAGACCTTATTCCTCCTA CTCATGCTCACAGCCGCC	Pinb–Dla
		Pina-N2	ATGAAGACCTTATTCCTCCTA CTCATGCTCACAGCCGCT	Pinb–Dlb
	Pina	*	CATCTATTCATCTCCAACTGC GTGACAGTTTATTAGCTAGTC	
	Pinb-Dlc	*	GAGCCTCAACCCATCTATTCATC CAAGGGTGATTTTATTCATAG	
	Pina-Dlb Pinb-Dlb Pinb-Dlb2	*	AATACCACATGGTTCTAGATACT GCAATACAAAGGACCTCTAGATT ATGAAGGCCCTCTTCCTCA CTCATGCTCACAGCCGCT ATCAAGGCCCTCTTCCTCA CTCATGCTCACAGCCGCC	
籽粒高蛋白质 含量 high grain protein content	Gpc-B1	Xuhw89	TCTCCAAGAGGGGAGAGACA TTCCTCTACCCATGAATCTAGCA	
		Xucw108	AGCCAGGGATAGAGGAGGAA AGCTGTGAGCTGGTGTCCTT	

第二节　主要品质性状分子标记的应用

　　据不完全统计，目前已克隆出农作物 61 个品质性状基因，许多功能标记已成功应用于分子标记辅助育种。目前有关小麦品质性状分标记的应用主要是提高蛋白质含量、改善籽粒硬度、提高面筋强度、改良面粉白度、色泽和改善淀粉品质等方面。相对于产量性状，小麦品质性状的 MAS 应用得较好。下面简要介绍小麦品质性状分子标记的应用进展。

一、黄色素的分子标记及应用

面粉及其制品的色泽是衡量小麦品质的一项重要指标。黄色素含量是影响面制品色泽的主要因素。黄色素含量受多个基因位点的调控，虽然环境对黄色素含量有一定影响，但基因型是影响黄色素含量的主要因素，品种间黄色素含量可相差 10 倍，改良潜力很大。因此，通过育种降低黄色素含量是提高面条和馒头等面食白度的重要途径。

胡凤灵等利用位于 7AL 染色体上与黄色素含量相关的八氢番茄红素合酶（phytoene synthase，PSY）基因 *Psy-A1* 的标记 *YP7A*、*YPP7A-2* 和 7BL 染色体上基因 *Psy-B1* 的标记 *YP7B-1*、*YP7B-2*、*YB7B-3*、*YP7B-4*，对 221 份冬小麦品种（系）进行黄色素含量和多酚氧化酶活性基因的等位变异检测，结果证明这些特异性功能标记，重复性好，准确率高，可应用于小麦品质改良的分子标记辅助选择。

在近几年的面粉色泽改良过程中，也利用位于 7AL 和 7BL 染色体上与黄色素含量相关的八氢番茄红素合酶（PSY）基因 *Psy-A1* 的 *YP7A-1*、*YP7A-2* 标记，基因 *Psy-B1* 的 *YP7B-1*、*YP7B-2* 标记（表 9–3），对 F_5 代 486 份小麦品系进行黄色素含量等位变异检测。在所检测的高代小麦品系中，含低黄色素含量等位基因 *Psy-A1b* 的材料 108 份，频率为 31.3%；含低黄色素含量等位基因 *Psy-B1b* 的材料 187 份，频率为 47.9%；含高黄色素含量等位基因 *Psy-B1c* 的材料 56 份，频率为 14.0%；含 *Psy-B1d* 等位基因的材料 4 份，频率为 1.8%；未携带八氢番茄红素合酶（PSY）基因 *Psy-A1* 和 *Psy-B1* 材料的有 135 份，频率为 55.2%。486 份材料中，黄色素含量符合中国面条和馒头加工品质要求的品种仅 32 份，并且选育了高黄色素含量（为平均值的 4.5 倍）、面粉呈金黄色的两个小麦新品系。研究表明，黄色素基因标记可有效地应用于小麦面粉色泽改良的分子标记辅助选择。

表 9-3　八氢番茄红素合酶（PSY）基因的分子标记及引物序列

标记名称 Marker	染色体 Chromosome	前序列 Forward sequence	后序列 Reverse sequence
YP7A-1	7AL	GGACCTTGCTGATGACCGAG	TGACGGTCTGAAGTGAGAATGA
YP7A-2	7AL	GCCAGCCCTTCAAGGACATG	CAGATGTCGCCACACTGCCA
YP7B-1	7BL	GCCACAACTTGAATGTGAAAC	ACTTCTTCCATTTGAACCCC
YP7B-2	7BL	GCCACCCACTGATTACCACTA	CCAAGGTGAGGGTCTTCAAC

二、谷蛋白亚基的分子标记及应用

　　HMW-GS 和 LMW-GS 与小麦的加工品质密切相关，HMW-GS 亚基的数目和不同位点上等位基因的变异对小麦品质都具有重要影响。HMW-GS 组成已成为小麦品质育种中亲本选配的重要依据。将 HMW-GS 的分子标记辅助选择与常规育种程序结合起来，建立了 HMW-GS 标记辅助选育强筋小麦新品种的技术体系，大大提高了小麦品质性状的改良效率。首先，根据 HMW-GS 或 LMW-GS 基因的组合情况选择父本和母本，并配制组合。然后依据 HMW-GS 或 LMW-GS 的聚合情况，选留 F_1 组合和确定 F_2 种植规模。在 $F_2 \sim F_4$ 的分离世代株系选择中先选择具有优良农艺和产量性状的株系，再用多个 HMW-GS 或 LMW-GS 基因的分子标记选择品质性状。例如，在即将出圃的 $F_3 \sim F_4$ 株系群内，我们利用 A、B、D 染色体上 2*、7+8、5+10 等 HMW-GS 基因的多个分子标记，进行优质亚基组合的筛选和品质预测。特别是通过分子标记进行优质 HMW-GS 和优质 LMW-GS 基因聚合的高产株系的选育，对当选高产品系再进行面团和加工品质分析。育种实践证明，利用 HMW-GS 和 LMW-GS 基因标记辅助选择是培育高产优质小麦新品质行之有效的方法。

中国农业科学院国家小麦改良中心开发了多个 HMW–GS 和 LMW–GS 谷蛋白亚基的分子标记，引导全国小麦品质育种工作者在利用分子标记改良品质工作中取得了很大成绩。陈新民等以面包小麦品种"豫麦 34"为优质供体，与高产品种"轮选 987"杂交，并结合高分子质量麦谷蛋白亚基（HMW–GS）7+8 和 5+10 的分子标记鉴定，回交 2 次，育成 12 个同时含有 7+8 和 5+10 亚基的"BC2F5"品系，并以这 12 个品系为材料，研究了对"轮选 987"品质和产量的改良效果。结果表明，通过分子标记辅助选择可以实现产量与面包品质的同步改良。

胡云等利用 HMW–GS 5+10 亚基基因的分子标记对复合杂交组合 X–2003/1638740 的 F_2 进行分子标记辅助选择，选出了 29 株含有该亚基组合的株系。

孙学永等利用 7 对低分子质量麦谷蛋白 Glu-A3 位点等位基因的特异引物标记，对 200 份中国小麦微核心种质的 Glu-A3 位点的分布状况进行 PCR 分析，结果表明：中国微核心种质中以 c、a、d 三个等位亚基的品种数目为多，对面筋强度作用较大的 b、d 两个亚基的数目较少，得出了调整 LMW–GS 亚基组成是改良我国小麦品质的重要途径的结论。

李式昭等利用 HIMW–GS、LMW–GS 和 Wx 亚基基因等相关分子标记对从澳白麦群体中分离出的 36 个穗系进行了分子鉴定，共发现 13 个对面条品质有正向效应的基因，其中非 1B/1R 易位类型和 HMW–GS 基因 Bx7 频率达 100%，HMW–GS 基因 By8、LMW–GS 基因 Glu-A3b 和 Glu-B3b 分别占供试材料的 88.9%、88.9% 和 83.3%，淀粉品质相关 Wx-Bl 蛋白亚基缺失类型占 86.1%。

张立平等利用低分子质量（LMW）麦谷蛋白 GluB3 的 STSPCR 标记、醇溶蛋白 GliBl 的 SSR 标记和黑麦碱 SEClb 的 STSPCR 标记的复合 PCR，对 10 个普通小麦品种、"中优 9507/CA9632"的 91 个 DH 系和 28 个 F_2 个体植株，进行了 1BL/1RS 易位系的检测，结果表明该复合标记可以检测出早代 1BL/1RS 的纯合和杂合植株。

张勇等以"豫麦 34""藁城 8901"和"中优 9507"为优质亲本，以"轮选 987""石 4185"和"周麦 16"为农艺回交亲本，采用 5+10 亚基和 1B/1R 易位分子标记结合田间农艺性状选择，育成 4 个 BC2F4 群体共 125 个高代品系。验证了通过有限回交，育种早代在室内采用 5+10 优质亚基和 1B/1R 易位分子标记辅助选择，结合田间农艺性状选择，可以加速培育优质新品种。

张晓科等利用分子标记辅助选择得到了携带优质 HMW–GS1、14+15、5+10 的聚合体。加州大学戴维斯分校通过 MAS 将控制面筋筋力的 Glu–All、Glu–D15+10 导入育成品种"Lassik"（硬红春麦）中；CIMMTY 将面团强度 GlulBX 及膨胀体积 GBSS–null 应用到品种进行选育；欧盟地区也进行了控制高分子质量谷蛋白亚基基因的 MAS 研究。

三、籽粒蛋白质含量和硬度基因的分子标记及应用

Distelfeld 和 Fahima 利用籽粒高蛋白质含量基因 Gpc–B1 两侧的标记 *Xucw108* 和 *Xuhw89* 培育出了一个高蛋白且抗条锈病的硬红冬小麦品种"Farnum"（"WA7975"）；Brevis 和 Dubcovsky 利用同样的标记在美国培育了一个硬粒小麦品种 Westmoreo 通过分子标记辅助选择方法，美国将 20 个控制面包和意大利面食的优良品质基因转入约 180 个适合在美国大面积种植的品系中，其中控制籽粒硬度的基因 *PinB-Dlb* 和控制籽粒蛋白含量的基因 *Gpc-B1* 已被转入小麦品种"Express"；加州大学戴维斯分校通过 MAS 将 *GPC-B1* 基因导入"Lassik"品种（硬红春麦），

提高了该品种的籽粒蛋白含量；CIMMTY 将籽粒硬度基因的分子标记应用到品种的选育中；加拿大利用 MAS 已经育成了携带高蛋白含量基因 *Gpc-B1* 的新品种"Lillian"；欧盟地区也进行了控制籽粒硬度基因的 MAS 研究。

胡云以携带有高蛋白基因 *Gpc-B1* 的 4 份小麦品系（A–GPC、R–GPC、PF638741 和 P1638740）为父本，以不具有此基因的小麦品种"贵农 775""贵农 21""X–2003"等 20 个材料为母本，配置杂交组合，然后在杂交后代中用两侧标记对高蛋白基因 *Gpc-B1* 进行分析，结合测定蛋白质含量，筛选出了籽粒高蛋白含量的材料。李式昭等利用籽粒硬度基因的分子标记，对从澳白麦群体中分离出的 36 个穗系进行了分子鉴定，发现含有籽粒硬度等位基因 *Pinb-D1a* 的类型占 97.2%。

四、多酚氧化酶基因的分子标记及应用

中国农业科学院作物科学研究所国家小麦改良中心何中虎课题组开发了多酚氧化酶基因的分子标记，并根据已开发的分子标记建立多种 PCR 反应体系。其中胡凤灵等利用位于 2AL 染色体上的多酚氧化酶（polyphenoloxidase，PPO）基因 *Ppo-A1* 的标记 *PP018*，对 221 份冬小麦品种（系）进行黄色素含量和多酚氧化酶活性基因的等位变异检测，结果证明这些特异性功能标记重复性好、准确率高，可有效地应用于小麦品质改良的分子标记辅助选择；高凤梅等利用 *PP018* 和 *YP7A* 分子标记对 169 份黑龙江春小麦品种进行分子检测，结果发现 *Ppo-A1b* 的频率为 33.1%，*Psy-A1b* 的频率为 33.7%，进一步验证了标记的有效应和实用性。

李式昭等利用多酚氧化酶（PPO）活性、黄色素含量基因等分子标记，

对从澳白麦群体中分离出的 36 个穗系进行了分子鉴定，发现低 PPO 活性等位基因 *Ppo-D1a* 和低黄色素含量等位基因 *Psy-B1b* 类型分别占 86.1% 和 80.6%。

Sun 等和 He 等研究证实了 *PP018* 和 *PP033*（*Ppo-A1*）、*PP016* 和 *PP029*（*Ppo-D1*）标记与评价 PPO 活性和等位基因变异之间的关联性是可靠的，并用这些标记检测了 311 份中国小麦品种和高代品系、57 份印度小麦品种和 273 份 CIMMTY 小麦材料。澳大利亚利也用多酚氧化酶基因的分子标记改善了面粉的色泽。

五、高产优质小麦新品种"山农 20"的主要品质性状分子检测

"山农 20"是山东农业大学培育的国家黄淮南片和黄淮北片均通过国家审定的小麦新品种，具有高产、广适、多抗等突出特点。2012 年山东省农业厅组织的小麦高产创建中，实打验收平均亩产 767.8kg，灾害年份创山东省小麦单产最高水平，获山东省"小麦高产创建第一名"和"山东省省粮王大赛总冠军"。本课题组选取了小麦高分子质量谷蛋白亚基（HMW-GS）组成、小麦籽粒 Wx 蛋白、小麦籽粒黄色素含量、小麦籽粒多酚氧化酶活性和小麦籽粒硬度等基因的特异引物对"山农 20"进行了品质基因的分子鉴定分析。

（1）"山农 20"在 *Glu-B1* 位点上的亚基组成为 Bx7+By8，在 *Glu-D1* 位点上亚基组成为 Dx5+Dy10（图 9-1）。结合蛋白质电泳结果，证明该品种含有 7+8 和 5+10 两种优质亚基组合，具有优良的加工品质。

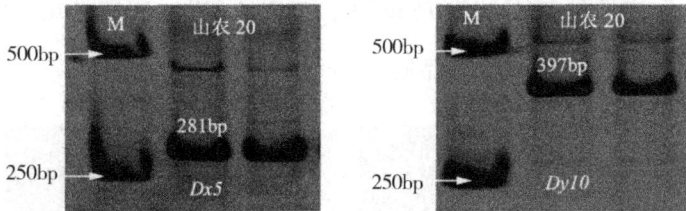

图 9-1　"山农 20"在 *Glu-D1* 位点 *HMW-GS* 基因的分子鉴定结果

（2）"山农 20"在 3 个 WX 位点（图 9-2），即 *Wx-A1*、*Wx-B1* 和 *Wx-D1* 的基因型为 *Wx-A1a*、*Wx-B1a* 和 *Wx-D1a*，均为非缺失型。

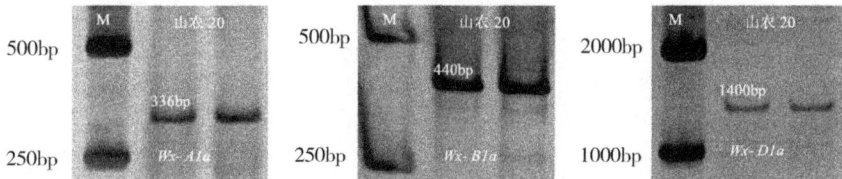

图 9-2　"山农 20"在 *Wx-A1*、*Wx-B1* 和 *Wx-D1* 位点
***Wx* 基因的分子鉴定结果**

（3）YP7A 和 YP7B 功能型基因标记的检测结果显示"山农 20"在 7AL、7B 染色体上的 PSY 等位基因型为 *Psy-A1a-A1a/Psy-B1a*，表现为黄色素含量较高。

（4）利用标记 *PP018*、*PP029* 对"山农 20"的 PPO 活性基因进行检测（图 9-3），结果显示该品种含有 2 个低 PPO 活性基因 *Ppo-D1a* 和 *Ppo-A1b*，表现为较强的抗褐变效果。

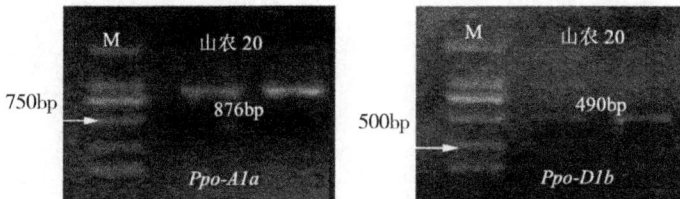

图 9-3　"山农 20"在 *Ppo-A1* 和 *Ppo-D1* 位点 PPO 活性基因的分子鉴定结果

（5）利用 *Pina* 和 *Pinb* 基因的特异性标记对"山农 20"进行检测（图 9-4），显示该品种基因型为 *Pina-Dla* 和 *Pinb-Dlb*，表明"山农 20"为硬质麦，具有良好的磨粉和加工品质。

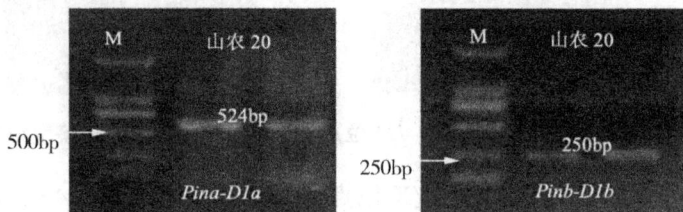

图 9-4　"山农 20" *Pina* 和 *Pinb* 基因的分子鉴定结果

第十章 主要生理性状的分子标记及其应用

相对于农艺和产量性状，前人对生理性状的 QTL 定位和分子标记应用研究较少，但由于生理性状对作物生长发育起着重要作用，最近十年内生理性状的 QTL 分析逐渐增多，生理性状的 QTL 定位和分子标记应用多集中在株型结构、光合特性、发育生理和根系生理方面。目前，尽管获得了一些生理性状的 QTL 及其两侧标记，但除了光周期和春化基因及矮秆基因外，真正具有实用价值的分子标记很少。因此，需要更深入地开展生理性状的 QTL 定位和分子标记，尤其需要加强生理性状方面的分子标记辅助育种工作。

第一节 主要生理性状的分子标记

一、通过 QTL 定位获得的生理性状分子标记

以 DH 群体为主、2 个 RIL 群体为辅，进行了主要生理相关性状的 QTL 分析，其中叶片光合效率、气孔导度和叶绿素荧光现象等光合生理特

性，株型、叶片角度和茎秆维管束等优良的形态性状的 QTL 分析都是国内首次进行的。通过生理性状的 QTL 分析，共鉴定到 60 个调控生理性状的主效 QTL 位点（贡献率 >10%），其贡献率变异范围 10.32%～55.45%。其中，植株形态和发育生理方面，控制分蘖的主效 QTL 有 2 个；控制总根长、株高、穗下节间长度、穗下节直径的主效 QTL 各 1 个；控制基部第二节间茎粗的主效 QTL 有 4 个，控制茎壁厚、茎壁面积、拔节期茎干物质重的主效 QTL 各有 1 个，控制抽穗期的主效 QTL 有 3 个，控制旗叶挺直角度、旗叶长、倒三叶长和倒三叶面积的主效 QTL 各 1 个，控制倒二叶长的主效 QTL 有 2 个，控制穗下节长度的主效 QTL 有 2 个；光合生理方面，控制叶绿素 a 含量的主效 QTL 有 3 个，控制叶绿素 b 的主效 QTL 有 4 个，控制总叶绿素含量、类胡萝卜素和初始荧光的主效 QTL 各有 1 个；植株解剖结构方面，控制基部第二节间的大维管束数目和小维管束数目的主效 QTL 有 3 个，控制基部第二节间茎壁厚和髓腔直径的主效 QTL 各 1 个，控制穗下节茎壁面积、穗下节大维管束数目、穗下节小维管束数目及穗下节大小维管束数目比的主效 QTL 各 1 个，控制穗下节总维管束数目的主效 QTL 有 2 个；检测到低温下控制叶片细胞膜透性的主效 QTL 有 3 个。

由表 10-1 可知，大多数生理性状的主效 QTL 被定位于 5D 染色体上，且在标记 *Xbarc320–Xwmc215–Xbarc345* 区段上可知该区段是与生理性状相关的重要区段，存在控制这些性状的基因簇；此外，1B、2D、7D 染色体上也存在与某些生理性状相关的 QTL/ 基因。

表 10-1　通过 QTL 定位检测到的有关生理性状主效 QTL（PVE>10%）

性状 Trait	位点 Locus	标记 Marker	引物序列 Primer sequence（5' → *3'）	等位基因 Allele
分蘖 Tiller	QMtw5D-1 QEth6D	Xwmc215 Xbarc345 Xswes679.1 Xcfa2129	CATGCATGGTTGCAAGCAAAAG CATCCCGGTGCAACATCTGAAA GCGGCTAGTGCTCCCTCATAAT GCGGCTAGTGCTCCCTCATAAT CGCAACCACGACCCACTT TGATATGCCCTCGCCACC GTTGCACGACCTACAAAGCA ATCGCTCACTCACTATCGGG	23.19 16.28
株高 Plant height	Qph5D-1	Xbarc320 Xwmc215	CGTCTTCATCAAATCCGAACTG AAAATCTATGCGCAGGAGAAAC CATGCATGGTTGCAAGCAAAAG CATCCCGGTGCAACATCTGAAA	21.97
叶绿素含量 Chlorophyll content	QCa5D-10	Xbarc320 Xwmc215	CGTCTTCATCAAATCCGAACTG AAAATCTATGCGCAGGAGAAAC CATGCATGGTTGCAAGCAAAAG CATCCCGGTGCAACATCTGAAA	18.2
抽穗期 Heading date	qlld5D Qhs-7D QHtlB.1-86	Xbarc320- Xwmc215 wPt-730876- wPt-8343 wPt-5562- wPt-8971	同株高和叶绿素含量 QTL 引物序列 http://www.triticarte.com.au/ http://www.triticarte.com.au/	53.19 38.73 50.47 26.49 55.45 22.67 30.32

性状 Trait	位点 Locus	标记 Marker	引物序列 Primer sequence（5' → *3'）	等位基因 Allele
倒三叶长 Third leaf length	qTLLe5D	Xwmc215 Xgdm63	CATGCATGGTTGCAAGCAAAAG CATCCCGGTGCAACATCTGAAA GCCCCCTATTCCATAGGAAT CCTTTTGATGGTGCATAGGA	21.91
倒三叶面积 Third leaf area	qTLAr5D	Xbarc320– Xwmc215	同株高和叶绿素含量引物序列	18.0
叶绿素 a Chlorophyll a content	qChla5D QCa5D–10	XWMC215– XBARC345 Xbarc320– Xwmc215	同分蘖 QMtw5D–1 引物序列 同株高和叶绿素含量 QTL 引物序列	16.2 18.23
叶绿素 b Chlorophyll b content	qChlb5D qChlb5D	Xwmc215– Xgdm63 Xbarc320– Xwmc215	同倒三叶叶长 gTLLe5D 引物序列 同株高和叶绿素含量 QTL 引物序列	2329 28.49
类胡萝卜素 Carotenoids	QCx5D–10	Xbarc320– Xwmc215	同株高和叶绿素含量 QTL 引物序列	2725
基部第二节茎粗 The second stem diameter	SD–10	Xbarc320– Xwmc215	同株高和叶绿素含量 QTL 引物序列	15.49
基部第二节小维 管束数目 The number of vascular bundles of the second stem	1B–6	Xbarc119 Xgwm18	CACCCGATGATGAAAAT GATGGCACAAGAAATGAT GGITGCTGAAGAACCITATITAGG TGGCGCCATGATTGCATTATCTTC	17.12

性状 Trait	位点 Locus	标记 Marker	引物序列 Primer sequence（5' → *3'）	等位基因 Allele
基部第二节髓腔直径 The second stem canal diameter	SD-10	Xbarc320-Xwmc215	同株高和叶绿素含量 QTL 引物序列	20.95
穗下节长度 Peduncle length	qUIL-4D	XBARC334	ATCCGCGTGTCAAACTTCTTCC GGGCTGGCTGGGCTAAATG	17.19
		XWMC331	CCTGTTGCATACTTGACCTTTTT GGAGTTCAATCTTTCATCACCAT	
	qUIL-7D	XGWM676	CAAGAGCAGAGAAGTACTGT CAGTTCTGACAAAGTCAAAA	22.04/14.16
		XGWM437	GATCAAGACTTTTGTATCTCTC' GATGTCCAACAGTTAGCTTA	
穗下节直径 Peduncle diameter	qUID-5D	XWMC215-XBARC345	同分蘖 QMtw5D-1 引物序列	22.67
穗下节茎壁面积 Stem area of peduncle	qCWA-5D	XWMC215-XBARC345	同分蘖 QMtw5D-1 引物序列	25.61
穗下节大维管束数目 The number of large vascular bundles	qLVB-5D	XWMC215-XBARC345	同分蘖 QMtw5D-1 引物序列	22.95
穗下节大小维管束比 L/S	qL/S-7D	XGWM295	CCATAAGTGTTTGCGTTTATTCC AATGCACTATTTTTATAGCTTTGT	15.17
		XGWM676	CAAGAGCAGAGAAGTACTGT CAGTTCTGACAAAGTCAAAA	

性状 Trait	位点 Locus	标记 Marker	引物序列 Primer sequence（5' → *3'）	等位基因 Allele
叶片细胞膜透性 （−18℃） Leaf cell membrane permeability	Qcmp−5B−1 qCMP−1B−1 qCMP−3B−2	Xgwm213 Xswes861.2 Xcfe156 Xwmc406 Xgwm566 Xcfe009	CTAGCTTAGCACTGTCGCCC TGCCTGGCTCGTTCTATCTC GTTCCCTCCCAAGCCCTAA CGTAAAGCCGCTCCACCT TGTGCGCCATCTGCTACTC CTCCTAGATCCCGCGTCTC TATGAGGGTCGGATCAATACAA CGAGTTTACTGCAAACAAATGG CTGGCTTCGAGGTAAGCAAC TCTGTCTACCCATGGGATTTG TTCCTTCCAGTATCGTTGGC AGGACTGCGGGTTGATTTC	17.5/14 18.4 17.7

除 DArT 标记外，所有两侧标记的引物序列及其扩增反应条件可在 http://wheat.pw.usda.gov/GG2/index.shtml 网站中查询到，而 DArT 标记可在 http://www.triticarte.com.au/ 网站上查到。这些生理性状的分子标记大多数可在育种过程中用于对应性状的辅助选择，其中贡献率最高位点的两侧标记 Xbarc320−Xwmc215 已用于抽穗期基因的精细定位和早熟品系的筛选。

二、目前国内外应用好的生理性状分子标记

国内外其他科学工作者也鉴定和开发了很多生理性状的 QTL 及其分子标记。澳大利亚科工组织植物产业部正在开发茎秆水溶性碳水化合物（WSC）、蒸腾效率（TE）、气冠温度、籽粒重量和大小、根特性、矮化性状等生理性状的分子标记袁建霞，2012，其中，矮秆基因 Rht−B1b/Rht−D1b 的分子标记、矮化病基因的 SNP 标记（来源于基因和启动子的 SNP 标记）、阻止分蘖基因的 SSR 标记 gwm136（与该基因共显性）、耐盐性基

因 *Naxl* 的 SSR 标记 *gwm312*（共显性）和 *Nax2* 的 SSR 标记 *csLinkNax2*（共显性）等已用于分子标记辅助育种。此外，Hanocq 等（2007）分析了控制早熟性状的重要基因区段，在 2 号和 5 号染色体上获得了 *Ppd* 和 *Wm* 基因及其功能标记，在 4A 和 4B 上发现了控制抽穗期的基因及其功能标记。日本主要开展了水稻的生理性状的分子标记开发工作，如抽穗期基因 *Hdl*、*Hd6*、*Hd5*、*Lhd4*、*Ehdl*，矮性遗传基因 *Sdl*，抽穗期耐冷性基因 *Ctbl*. *qCT7*、*qFRT6* 的分子标记也开始应用于育种。

国内生理性状的 QTL 研究多集中在光合特性方面，如叶绿素含量、光合速率、叶绿素荧光参数等，其位点涉及多条染色体，其中在 SB 染色体上检测到的有关生理性状的主效 QTL 最多（25 个），其次是 2D 染色体（19 个 QTL）、4B 和 3B 染色体（各 16 个 QTL）、2A 和 7D 染色体（各 14 个 QTL）、2B 染色体（13 个 QTL）、5A 染色体（14 个 QTL）、3A 和 6B 染色体（各 11 个 QTL）、SD 和 6A 染色体（各 10 个 QTL），剩余染色体上的 QTL 都小于 10 个，最少的 1D 染色体仅 2 个 QTL。因此，在 5B 和 2D 染色体上存在控制生理相关性状的重要 QTL/ 基因区段，而且第 2 同源群对生理相关性状来说比较重要。但是有关生理性状的分子标记应用，主要以春化基因、光周期基因和矮秆基因为主，其次是与抗穗发芽、磷高效、叶绿素含量、氮高效、分蘖、根系、抽穗期等性状有关的分子标记。表 10–2 是已报道的应用较好的主要生理性状分子标记及其序列。

表 10-2　应用较好的主要生理性状分子标记及其序列

性状 Trait	基因 / QTL Gene/QTL	引物名称 Marker name	引物序列 Primer sequence（5'→3'）
春化 Vemalization	Vrn–A1	Vrn–Alal/Vm–Albl	GAAAGGAAAAATTCTGCTCG GCAGGAAATCGAAATCGAAG
		Vrn–Alcl	AGCCTCCACGGTTTGAAAGTAA AAGTAAGACAACACGAATGTGAGA
		vrn–A1	GCACTCCTAACCCACTAACC TCATCCATCATCAAGGCAAA
	Vrn–B1	Vrn–B1	CAAGTGGAACGGTTAGGACA CTCATGCCAAAAATTGAAGATGA
		vrn–B1	CTCATGCCAAAAATTGAAGATGA CAAATGAAAAGGAATGAGAGCA
	Vrn–D1	Vrn–D1	GTTGTCTGCCTCATCAAATCC GGTCACTGGTGGTCTGTGC
	Vrn–D1	vrn–D1	GTTGTCTGCCTCATCAAATCC AAATGAAAAGGAACGAGAGCG
	Vrn–B4	Vrn–B4	CATAATGCCAAGCCGGTGAGTAC ATGTCTGCCAATTAGCTAGC
		vrn–B4	ATGCTTTCGCTTGCCATCC CTATCCCTACCGGCCATTAG
光周期 Photoperiod	Ppd–Dl	Ppd–Dla	ACGCCTCCCATACACTG CACTGGTGGTAGCTGAGATT
		Ppd–Dlb	ACGCCTCCCATACACTG TGTTGGTTCAAACAGAGAGC
	Ppd–dl		ATTTTAAGGCGCAGAGCTCATGGACAA AGAGAGCAGACGAAATCGGCTTTTGAA
	Ppd–Bl		CGTCTGTCTGTTCCTGCC GAATCAGCTGTCTAAATAGTAC
抗穗发芽 Pre–harvest		VplB3（STS）	TGCTCCTTTCCCAATTGG ACCCTCCTGCAGCTCATTG
		Xgwm155（QTL）	CAATCATTTCCCCCTCCC AATCATTGGAAATCCATATGCC
		MST101（STS）	CCACCATGAAGACCTTCCTC ACCTTGCATGGGTTTAGCTG
		WMC104（STMS）	TCTCCCTCATTAGAGAGTTGTCCA ATGCAAGTTTAGAGCAACACCA
氮高效 Nitrogen efficiency	Chrl6	Xgwml90	GTGCCACGTGGTACCTTTG GTGCTTGCTGAGCTATGAGTC
		Xgdm063	GCCCCCTATTCCATAGGAAT CCTTTTGATGGTGCATAGGA
	Chr20	Xgwm191	5'AGACTGTTGTTTGCGGGC3' 5'TAGCACGACAGTTGTATGCATG3'
		DUPW217	CGAATTACACTTCCTTCTTCCG CGAGCGTGTCTAACAAGTGC

性状 Trait	基因 / QTL Gene/QTL	引物名称 Marker name	引物序列 Primer sequence（5'→3'）
矮秆 Dwarf	Rht1（Rht-B1b） （STS） Rht2（Rht-D1b） （STS） Rht4（SSR） Rht5（SSR） Rht8（SSR） Rht9（SSR） Rht12（SSR） Rht13（SSR）		CCTCCCTCCCCACCCCAAC CATCCCCATGGCCATCTCGAGCTA CGCGCAATTATTGGCCAGAGATAG CCCCATGGCCATCTCGAGCTGCTA CGAGAAGTCTACATATCGAGGG CAACAATGACAACAGAAGGGTG GGAGAGGACCTGCTAAAATCGAAGACA GCGTTTACGGATCAGTGTTGGAGA CTCCCTGTACGCCTAAGGC CTCGCGCTACTAGCCATTG TGAGGAAAATGTCTCTATAGCATCC CGCATAAACACCTTCGCTCTTCCACTC GGACTTGAAAGGAAGCTTGTGA CATGGATGGCATGCAGTGT ATGGCATAATTTGGTGAAATTG TGTTTCAAGCCCAACTTCTATT
磷高效 Phosphorus efficiency	TaPHR1	Kpn BamH	GGTACCTTAACTATCATGCACCCTTCG GGATCCATGAGGAGGTGTGATCTGAGACTC
叶绿素 Chlorophyll content	QCa5D-10 TaCKOX4	Xbarc320 Xwmc215 Txl9 TX20	CGTCTTCATCAAATCCGAACTG AAAATCTATGCGCAGGAGAAAC CATGCATGGTTGCAAGCAAAAG CATCCCGGTGCAACATCTGAAA AGGTTGGTGTGCTGCTGTCTC CTCCGCTCAAATGTCTCCCAC
根系 Root	qTaLRO-B1	Xgwm210 XBARC1138.2	TGAGAGGAAGGCTCACACCT TGCATCAAGAATAGTGTGGAAG GCGATGTCATGCTCACCAATGTGT GCGTGCTCCACTCAGAGACTATCATAAA
分蘖 Tiller	QMtw5D-1 QEth6D	Xwmc215 XBARC345 Xswes679.1 Xcfa2129	CATGCATGGTTGCAAGCAAAAG CATCCCGGTGCAACATCTGAAA CGCCAGACTGCTAGGATAATACTTT GCGGCTAGTGCTCCCTCATAAT CGCAACCACGACCCACTT TGATATGCCCTCGCCACC GTTGCACGACCTACAAAGCA ATCGCTCACTCACTATCGGG
抽穗期 Heading date	qlld5D	Xbarc320 Xwmc215	CGTCTTCATAAATCCGAACTG AAAATCTATGCGCAGGAGAAAC CATGCATGGTTGCAAGCAAAAG CATCCCGGTGCAACATCTGAAA

第二节　主要生理性状分子标记的应用

据不完全统计，目前，我国共克隆农作物性状相关的基因 364 个，其中抗病虫基因 47 个，抗非生物胁迫基因 101 个，品质相关基因 61 个，产量相关基因 11 个，育性相关基因 18 个，与生理发育有关的基因 126 个；在所有农作物中，水稻的研究走在前列，如控制水稻产量的基因 *GS3*、*Ghd7*、*GW2* 和 *GW8*，穗形态基因 *DEP1*、*DEP2*，籽粒灌浆充实度基因 *GIF1*、*PHDI*，水稻株型基因 *MOC1*、*IPA1*、*LAZY1*、*TAC1* 和 *PROG1*，抽穗期基因 *RID1*，茎秆强度基因 *FC1*，广亲和基因 *S5* 和 *Sa*，白叶枯病抗性基因 *Xa3*、*Xa26*、*Xa13*，褐飞虱抗性基因 *Bph14*，抗盐的主效 QTL/ 基因 *SKC1*，抗旱关键基因 *SDIR1*、*SNAC1* 和 *OsSKIPa*，磷营养高效基因 *AsPFT1*、*OsPHR2* 等。近年来，我国在分子标记育种技术、多基因聚合育种技术和全基因组选择技术方面均有一些重要进展。在大规模开发实用分子标记的基础上，通过分子标记育种与传统育种技术相结合，已选育出一批优质抗病虫水稻等作物的新材料和新品种，其中主要涉及的抗病基因有 *Xa4*、*Xa21*、*Xa23*、*R-sb2t*、*Pil*、*Pi-1*、*Pi-2*、*Pi-25*、*P1-33*、*R-sbzt*；涉及的其他性状基因有 *Wx* 基因、育性基因 *Rf5* 和抽穗期基因等。小麦的基因克隆和分子标记开发及应用都远远落后于水稻，而且小麦的分子标记主要体现在抗病、品质等方面，生理性状的分子标记相对比较少，下面对生理性状分子标记应用工作做简单介绍。

一、春化基因分子标记的研究和应用

中国农业科学院周阳等利用春化基因的分子标记对黄淮冬麦区小麦冬、春性改良及其分子标记辅助选择技术进行了研究，发现"石麦 12"与冬性品种"石家庄 8 号"杂交后代 $F_{2:3}$ 株系中的春性、冬春性株系分离比例符合 1∶2∶1，表明"石麦 12"具有一个显性春化基因。利用 *Vrn-D1* 的基因特异性标记对上述 $F_{2:3}$ 株系进行冬、春性鉴定的结果与表型鉴定结果一致，说明该分子标记可用于小麦冬、春性改良中对 *Vrn-D1* 的辅助选择，为在高海拔、长日照地区夏播小麦冬、春性鉴定提供了一个快速、简便方法。2012 年，Zhang 等也在春化基因 *VRN-D1* 位点发现一个新等位变异 *Vrn-D1b*，并证明该等位变异与半冬性幼苗生长习性有关；基于 *VRN-D1* 基因启动子区域的单核苷酸多态性（SNP）设计的分子标记可用于新等位基因 *Vrn-D1b* 的快速检测。*Vrn-D1b* 同已报道的 *VRN-A1*、*VRN-B1*、*VRN-D1* 和 *VRN-B3* 基因位点上不同等位变异的分子标记一起，可有效地用于小麦冬、春性遗传改良中的分子标记辅助选择。

利用 *Vrn-D1* 功能标记对 660 个小麦高代稳定品系进行了分子检测（图 10-1），含春化显性基因 *Vrn-D1* 的材料共有 85 份，含隐性基因 *vrn-D1* 的材料共有 543 份，其所占比例较大，已知育成的高代材料中冬性品系相对较多，为选育冬性品种提供了充足的资源。

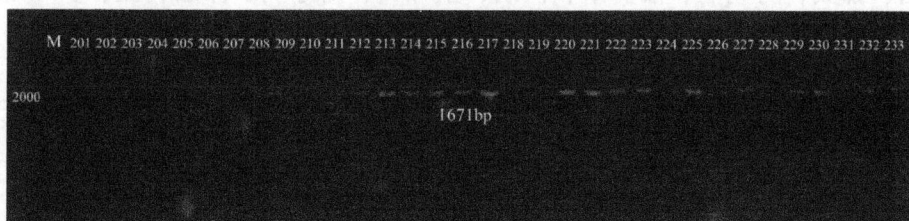

(a) *Intr/D/F* 和 *Intr1/D/R3* 扩增片段

图 10-1

(b)*Intr/D/F* 和 *Intrl/D/R4* 扩增片段

图 10-1　鉴定区部分材料 *Vrn-D1* 引物扩增结果

　　利用春化功能标记对新育成的双国审小麦品种"山农 20"进行了分子检测，结果发现该品种的春化基因型为 *vrn-A1*、*vrn-D1*、*vrn-B3*，不含有 *Vrn-B1* 基因，因此"山农 20"对春化高度不敏感，适应性强。该品种已通过黄淮麦区南、北两大片的"双国审"，可在山东、河北、河南、江苏、安徽、陕西、山西 7 省适宜地区推广。

　　杨芳萍等利用小麦春化基因 *Vrn-A1*、*Vrn-B1*、*Vrn-D1* 和 *Vrn-B3* 对来自 23 个国家的 755 份品种进行检测，发现春化基因显性等位变异 *Vrn-A1*、*Vrn-B1*、*Vrn-D1* 主要分布在意大利、印度、日本、加拿大、墨西哥、智利、阿根廷和澳大利亚，以及中国春麦区和长江中上游冬麦区，上述地区的小麦一般为春性类型，春化位点均为隐性等位变异，而 *Vrn-A1*、*Vrn-D1*、*Vrn-B1* 的品种主要分布在中国北方、美国中部和南部、德国、法国、挪威、乌克兰、俄罗斯、伊朗、土耳其、匈牙利、保加利亚、罗马尼亚和塞尔维亚，这些地区的小麦多为冬性类型。

　　春化基因分子标记的有关研究结果已在育种中得到实际应用，国际玉米小麦改良中心（CIMMTY）在利用分子标记辅助育种时，至少将 *Vrn* 其他约 20 个基因的标记结合起来用于测试杂交组合，并利用春化基因（*Vrn1*、*2*、*3*）的分子标记来进行跟踪相应的位点，以实现春化基因与其他基因的聚合。

二、光周期基因分子标记的应用

光周期基因对小麦生长表现出多效性。非敏感光周期基因在热干燥环境条件下占主导地位，主要由 *Ppd-D1*、*Ppd-B1* 和 *Ppd-A1* 控制。欧洲学者研究表明，光周期非敏感基因 *Ppd-D1* 对小麦适应性育种贡献很大，其多效性也比较突出。例如，其在欧洲南部可以促进产量增加，在北部趋于减产，而在中部则表现为中性。*Ppd-D1* 主要是促进花原基形成，并在不同光照条件下都提早开花，提早的天数随季节变化而变化，一般在 3～5 天。*Ppd-B1* 相对于 *Ppd-D1*，非敏感性较弱，但和 *Ppd-D1* 一样可以加速二棱期的出现，并使以后小穗在短日照条件下完成生长。

黄琼瑞利用 2 对 STS 标记对 260 份材料和 49 份高代品系的光周期基因 *Ppd-D1* 位点进行鉴定分析，结果表明绝大部分国内推广的品种均为光周期不敏感型，对光照环境具有广泛适应性，光周期敏感型品种主要来自引种材料，仅 3 份出现在国内品种中，且均出现在冬麦区中，其生长习性分别为冬性和偏冬性。

欧洲在非敏感光周期基因研究和应用方面处于领先地位。意大利的育种家最早将非敏感光周期基因 *Ppd-D1a* 转入欧洲小麦品种，并以此培育了一大批的光周期非敏感品种。在欧洲南部和中部温暖干燥的环境中，引入 *Ppd-D1a* 基因明显提高了小麦的平均产量，在欧洲南部产量提高了 35%，中部产量提高了 15%。

杨芳萍等利用光周期位点 *Ppd-D1* 标记对 23 个国家的 755 份品种进行检测，发现光周期迟钝型 *Ppd-D1a* 的分布频率为 55.2%。光周期敏感等位变异 *Ppd-D1b* 主要分布在纬度较高的地区，即美国各麦区，以及德国、挪威、匈牙利、中国东北地区、加拿大、智利和阿根廷，来自其余麦区的品种均携带光周期迟钝等位变异 *Ppd-D1a*；携带 *Ppd-D1a* 的品种在河南安阳大部分能够成熟，而携带 *Ppd-D1b* 的品种在河南安阳基本不能成熟。

曹霞等利用光周期基因 *Ppd-D1* 位点分子标记对来自新疆小麦 185 份品种进行了检测，发现 80.0% 的品种（系）携带光不敏感显性等位变异 *Ppd-D1a*；其中在春性和冬性小麦品种（系）中，*Ppd-D1a* 出现的频率分别为 83.5% 和 77.0%。新疆小麦品种（系）中，存在 11 种春化和光周期基因显性等位变异的组合。

墨西哥国际小麦玉米改良中心（CIMMTY）在小麦育种中，利用 *Ppd* 和其他基因结合，跟踪、转移和聚合了多个基因，开展卓有成效的基因聚合育种工作。

三、矮秆基因分子标记的应用

Ellis 等利用 DH 群体将 *Rht-B1b* 和 *Rht-D1b* 分别定位在 4B 和 4D 染色体上，并开发了相应的分子标记用于辅助育种。慕美财等利用小麦 *Rht-B1b* 和 *Rht-B1b* 矮秆基因的 4 对特异分子标记对山东省 150 个小麦品种进行了分子鉴定，其中 20.67% 含有 *Rht-B1b* 基因，54.00% 含有 *Rht-D1b* 基因，二者合计为 74.67%；同时含有 *Rht-B1b* 和 *Rht-D1b* 矮秆基因的仅占 3.33%，表明山东小麦矮化育种中 *Rht-D1b* 基因的利用远高于 *Rht-B1b* 的利用。

杨松杰以 4 份引自墨西哥国际小麦玉米改良中心（CIMMYT）的人工合成六倍体小麦"Syn768"、"Syn769"、"Syn780"、"Syn786"，5 份中国四川省成都平原栽培小麦品种以及它们之间杂交后再回交产生的 117 份后代衍生群体系（其中"川麦 38"、"川麦 42"、"川麦 43"和"川麦47"为审定品种）为材料，利用矮秆基因 *Rht8* 的特异分子标记进行了分析，发现 *Rht8* 基因型总的分布频率为 77.7%。以"Syn768"为亲本育成的后代衍生系中，*Rht8* 基因型频率最高，为 96.70%；以"Syn769"为亲本育成的优良高代系和"川麦38"、"川麦42"与"川麦43"育成品种中，*Rht8* 基因型频率最低，为 71.64%；以"Syn780"为亲本育成的后代衍生群体中，*Rht8* 基因型频率为 73.68%，分离比率约为 3:1；以"Syn786"为亲本育成的材料只有"川麦47"，该品种不含有 Rht8 基因，表明 *Rht8* 基因在人工合成六倍体小麦中的分离规律与在普通栽培小麦中的分离规律基本相似。

王晓伟选用254份黄淮麦区小麦品种（系），利用 *BFMR1*、*DFMR2* 和微卫星 *Xgwm261* 标记检测了矮秆基因 *Rht-Blb*、*Rht-Dlb* 和 *Rht8* 的分布，发现含有 *Rht-Blb*、*Rht-Dlb* 和 *Rht8* 基因的材料分别有84份、171份和178份，分别占总数的 33.07%、67.3% 和 70.1%，共同含有 *Rht-Blb* 基因的占 16.1%，平均株高为 73.7cm，*Rht-Blb* 和 *Rht-D1b* 基因具有累加效应，两个基因同时存在时株高降低幅度更大。共同含 *Rht-Dlb* 和 *Rht8* 基因的占 46.9%，共同含 *Rht-B1b* 和 *Rht8* 基因的占 20.9%，同时含有 *Rht-Blb*、*Rht-D1b* 和 *Rht8* 基因的品种占 9.8%，均不含这三个矮秆基因的品种只占 3.5%，说明黄淮麦区小麦品种（系）中绝大部分品种均含有不同种类的矮秆基因。通过分子检测和系谱分析，*Rht-Blb* 基因来自"郑引4号"；*Rht-Dlb* 基因来源于"农林10号""水源86""辉县红"；*Rht8* 基因则来自高加索、玛拉和阿夫。检测结果与系谱分析基本相一致，在系谱关系明确的情况下，微卫星 *WMS261* 及基于 PCR 的两个 STS 标记可以分别用于对品种（系）*Rht8*、*Rht-Blb* 和 *Rht-Dlb* 基因型的鉴定以及育种世代该基因型的筛选。唐娜等利用小麦矮秆基因 *Rht-*

B1b、*Rht–D1b* 等 4 对特异性分子标记以及微卫星 *Xgwm261* 标记对我国小麦主栽品种中矮秆基因 *Rht–B1b*、*Rht–D1b* 和 *Rht8* 的分布情况进行了分子标记鉴定，其中 58 份含有 *Rht–B1b* 基因，占 45.0%；24 份含有 *Rht–D1b* 基因，占 18.6%；73 份含有 *Rht8* 基因，占 56.6%；35 份品种含有 *Rht–B1b* 和 *Rht8*2 个矮秆基因；16 份品种含有 *Rht–D1b* 和 *Rht8* 基因。矮秆基因 *Rht–B1b* 和 *Rht8* 在黄淮冬麦区的分布频率较高，分别为 55.4% 和 71.1%，*Rht–D1b* 基因在西南冬麦区的分布频率较高，为 37.5%；矮秆基因 *Rht8* 在不同的麦区都有广泛的分布，在不同的生态区具有广泛的适应性。

CIMITY 利用含有矮秆基因（*Rht1*、*Rht2*、*Rht8*）的材料与含有春化基因、光周期基因的材料杂交，并利用这些基因的分子标记跟踪检测，实现了多基因的聚合育种。

四、抗穗发芽基因分子标记的应用

Yang 等开发了抗穗发芽的 *Vp1B3* 分子标记，并将其定位于 3BL 上，利用 89 个白粒小麦品种（品系）对标记的有效性进行了分析。杨燕等利用 *Vp-1B* 分子标记分析了欧洲 490 份材料，发现了 4 对等位基因变异，其出现的频率 *Vp-1Ba*（54%）>*Vp-1Bc*（21%）>*Vp-1Bd*（20%）>*Vp-1Ba+c*（4%）>*p-1Bb*（1%）。

利用穗发芽 *Vp1B3* 功能标记对 660 个小麦高代稳定品系及其亲本进行了分子检测（图 10–2），其中品比区有 44 个品系抗穗发芽，鉴定区有 369 个品系抗穗发芽，分别占品比区和鉴定区参试品系的 21.2% 和 18.5%。

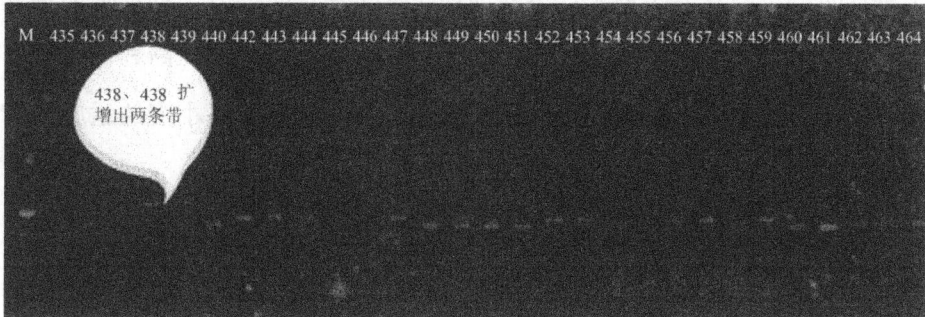

图 10-2　鉴定区部分材料的 *Vp1B3* 扩增结果

同时利用表 10-2 中抗穗发芽标记对"山农 20"进行了分子检测，发现该品种携带 *Vp1B3* 抗穗发芽基因，表现为抗穗发芽。

五、其他生理性状分子标记的应用

利用控制叶绿素基因 / QTL 的 *TaCKOX4* 标记、分蘖 *QMtw5D-1* 和 *QEth6D* 基因 / QTL 两侧连锁标记，根系 *qTaLRO-B1*、*qRN-6A*、*qRtl2D* 和 *QR16A* 基因 / QTL 两侧连锁标记对新育成的双国审小麦品种"山农 20"进行了分子检测，结果发现冬前最大分蘖 *QMtw5D-1* 两侧标记在该品种中扩增出特异带，说明"山农 20"可能含有 *QMtw5D-1* 位点，该位点可以解释冬前最大分蘖数 23.19070 的表型变异，对分蘖数有较大的正向效应；大根系主效 *qTaLRo-b1* 位点可解释 68.0% 的最大根长表型变异和 59.0% 的主根长表型变异，在多个环境下检测到"山农 20"品种中含有该 QTL 的特异带，说明该品种中含有位于 2B 染色体上的该主效位点，也说明"山农 20"为大根系品种，从分子水平上对该品种的部分生理性状如抗冻性、抗倒伏及高产稳产等进行了很好的解释。

尽管有关小麦生理性状的分子标记辅助选择应用比较少，但随着对小麦生理相关性状的重视及其 QTL 的广泛研究，会鉴定和开发出越来越多的生理性状的基因及分子标记，从而加速小麦生理性状的分子标记辅助育种进程。相信在不久的将来，通过分子标记辅助育种可大大提高和调控小麦的根系、光合生理、生育期和株型等生理性状，从而提高小麦的适应性和产量。

第十一章　主要抗逆性状的分子标记及其应用

　　小麦抗逆性如抗旱、耐盐、耐涝、抗病等性状大多都是数量性状，受多基因控制，而且基因的表达受环境条件影响较大。因此，借助分子标记辅助选择的方法，在早期世代对表现优良的基因型进行鉴定，或通过分子标记辅助选择的回交手段，把来源于抗逆亲本中的抗逆基因快速转移到当前推广的品种中，对培育抗逆高产优质品种或者具有特殊利用价值的亲本具有十分重要的意义。分子标记辅助选择可以应用于已知的所有育种方法，如杂交、回交、复交、加倍单倍体育种、轮回选择等，能够大大加速育种的进程，提高选择的效率。目前，国内外对抗逆性分子标记的应用主要是检测品种中的基因分布和种质资源筛选，真正通过分子标记辅助选择育成的小麦品种不多。

第一节　主要抗逆性状的分子标记

　　要实现小麦的抗逆性分子标记辅助育种，基因定位和有效的分子标记开发是首要任务。随着分子标记辅助育种的发展，小麦抗逆分子标记不断开发和利用。国内外研究者先后将抗冻基因定位在 5A、5D 和 1A 染色体；将与耐盐有关的基因 / QTL 定位在 5A、5B 等染色体；将抗旱基因定位在

1B、2B、3B、4A、5A、6B、7A 和 7B 等 8 条染色体；将耐热有关的基因 / QTL 定位在 1A、2A、2B、3A、3B、5A、6A、6B 和 7A 染色体。迄今，正式命名的小麦条锈病抗性基因有 48 个，分布于 43 个染色体位点；已经报道的 82 个白粉病成株抗性基因 / QTL，分布于小麦基因组的 21 条染色体上。孙果忠（2011）利用 4 对赤霉病分子标记（*Xbarcl33-3BF/R*、*Xgwm533-3B.IF/R*、*Xgwm493-3BF/R*、*XSTS381F/R*）检测小麦材料的赤霉病抗性（*QFhs.nchu-3BS*），结果证实了以上 4 个标记的有效性。

尽管目前抗逆性状的 QTL 分析取得了较好进展，但由于遗传背景差异、连锁标记距离较大等原因，真正在育种上应用的例子较少。现把国内外报道的抗逆性状的基因 / QTL 及其分子标记进行简单总结。

一、通过 QTL 定位获得的抗逆性状分子标记

以 DH 群体为材料，进行了主要抗逆性状的 QTL 分析，分别定位到抗旱相关性状、白粉病成株抗性、重金属胁迫和穗发芽相关基因的主效 QTL 位点 27 个（表 11-1）。

（一）抗旱相关性状胚芽长和根长主效 QTL 位点

在正常和干旱两种处理条件下，共检测到控制胚芽鞘长和根长的 18 个加性 QTL 和 18 对上位性 QTL，主要分布染色体 2A、2B、2D、4B、4D、6A、6A 和 7D 上。其中正常条件下检测到效应值大于 10% 的影响胚芽鞘长的 2 个主效 QTL，分布在 4B、4D 染色体上；干旱胁迫下检测到影响胚芽鞘长的 2 个主效 QTL，都分布在 6D 染色体上。

（二）重金属镉胁迫主效 QTL 位点

利用 DH 群体，在三种 Cd^{2+} 浓度下共检测到与小麦苗期生长发育性状有关的 19 个主效 QTL，分布在 1B、2D、3B、5D、6B、6D、7D 共 7 条染

表 11-1　已定位的有关抗逆性状的主效 QTL 位点

	QTL	标记区间 Interval	左侧标记序列 Left marker	右侧标记序列 Right marker	贡献率 (PV)/%
干旱胁迫主效 QTL 位点					
胚芽鞘长	QC14B	Xwmc657-Xwmc48	CGGGCTGCGGGGGTAT CGGTTGGGTCATTTGTCTCA	GAGGGTTCTGAAATGTTTTGCC AACGTGCTAGGGAGGTATCTTGC	16.31
	QC14D	Xwmc473-Xwmc331	TCTGTTGCGCGAAACAGAATAG CCCATTGGACAACACTTTCACC	CCTGTTGCATACTTGACCTTTT GGAGTTCAATCTTTCATCACCAT	11.38
根长	QRl6D	Xgwm681-Xube808	GCCGAATTGGATTTCCG TTCAGTCTTGGCTTGGCTTT		10.32
	QRl6D	Xgwm681-Xube808			10.32
镉胁迫主效 QTL 位点					
叶鲜重	qSFW3B	Xgwm566-Xcfe009	TCTGTCTACCCATGGGATTTG CTGGCTTCGAGGTAAGCAAC	TTCCTTCCAGTATCGTTGGC AGGACTGCGGGTTGATTTC	14.94
苗高	qSL3B	Xgwm533-Xbarc251	AAGGCGAATCAAACGGAATA GTTGCTTTAGGGGAAAAGCC	CAATTACGCCAAAAACAAGTGC GTTTGTTTCGTG ATGTTAAGTTCCA	17.83
叶龄	qLA5D	Xbarc1097-Xcfd8	CTGCCGATCCATGCACAC TCGGCGGCTCCAATCTA	ACCACCGTCATGTCACTGAG GTGAAGACGACAAAGACGCAA	12.71
根系总长	qRTL1Ba	Xcfd21-Xcwem9	CCTCCATGTAGGCGGAAATA TGTGTCCCATTCACTAACCG	CACCATCACCGAGATCCAA GGAGCTCCTCCACCTTGTC	15.64
	qRTL1Bb	Xgwm218-Xgwm582	CGGCAAACGGATATCGAC AACAGTAACTCTCGCCATAGCC	AAGCACTACGAAAATATGAC TCTTAAGGGGTGTTATCATA	25.95
根表面积	qRSA1Ba	Xcfd21-Xcwem9	CCTCCATGTAGGCGGAAATA TGTGTCCCATTCACTAACCG	CACCATCACCGAGATCCAA GGAGCTCCTCCACCTTGTC	15.89
	qRSA1Bb	Xgwm218-Xgwm582	CGGCAAACGGATATCGAC AACAGTAACTCTCGCCATAGCC	AAGCACTACGAAAATATGAC TCTTAAGGGGTGTTATCATA	30.15
	qRSA7D	Xgdm67-Xwmc634	AAGCAAGGCACGTAAAGAGC CTCGAAGCGACCACAAAACA	AGCGAGGAGGATGCATCTTATT GACATACACATGATGGACACGG	11.29
根平均直径	qRAD1B	Xgwm218-Xgwm582	CGGCAAACGGATATCGAC AACAGTAACTCTCGCCATAGCC	AAGCACTACGAAAATATGAC TCTTAAGGGGTGTTATCATA	10.04
	qRAD3B	Xbarc251-Xwmc3	CAATTACGCCAAAAACAA GTG C GTTTGTTTCGTGATGTTA AGT TCC A	ATTCAAGTTCTCGCAGACCACC CCCTGAGCAGCTTCACAGATTAC	70.05

续表

QTL	标记区间 Interval	左侧标记序列 Left marker	右侧标记序列 Right marker	贡献率 (PV)/%
根平均直径				
qRAD6B	Xcfa2187-Xgwm219	TAGCAAAGGGTGCATGTGAG GCATGTTACGTCGCTGTTGT	GATGAGCGACACCTAGCCTC GGGGTCCGAGTCCACAAC	11.52
qRV7D	Xgdm67-Xwmc634	AAGCAAGGCACGTAAAGAGC CTCGAAGCGAACACAAAACA	AGCGAGGAGGATGCATCTTATT GACATACACATGATGGACACGG	15.28
根尖数				
qRT1Ba	Xcfd21-Xcwem9	CCTCCATGTAGGCGGAAATA TGTGTCCCATTCACTAACCG	CACCATCACCGAGATCCAA GGAGCTCCTCCACCTTGTC	26.45
qRT1Bb	Xgwm218-Xgwm582	CGGCAAACGGATATCGAC AACAGTAACTCTCGCCATAGCC	AAGCACTACGAAAATATGAC TCTTAAGGGGTGTTATCATA	55.03
根鲜重				
qRFW6B	Xgwm58-Xwmc737	TCTGATCCGTGAGTGTAACA GAAAAAATTGCATATGAGCCC	CGACTAGGACTAGACGACTCTAACGG GTCGATCACCGAGGCATTG	10.4
根干重				
qRDW3Ba	Xgwm566-Xcfe009	TCTGTCTACCCATGGGATTTG CTGGCTTCGAGGTAAGCAAC	TTCCTTCCAGTATCGTTGGC AGGACTGGGTTGATTTC	14.69
茎叶干重				
qSDW2D	Xbarc349.1-Xcfdl161	GAATAGCCGCTGCACAA G TATGCATGCCTTTCTTTA CAA T	GTAAGGCATCTTCGCGTCTC CCATGATAGATTTGGACGGG	10.33
qSDW3Ba	Xbarc268-Xwmc1	GCGATTCCTTTGTTCCTT CCC CAT AC GCAGCATGTCTAGCCAAC TTG TCG TG	ACTGGGTGTTGCTCGTTGA CAATGCTTAAGCGCTCTGTG	28.94
qSDW6D	Xswes679.1-Xcfa2129	CGCAACCACGACCACCACTT TGATATGCCCTCGCCACC	GTTGCACGACCTACAAAGCA ATCGCTCACTCACTATCGGG	10.57
穗发芽 QTL 位点				
qPhs2B.2	XBARC373-XBARC1114	CGCATAAGCTAAACCAGTCGCAAAG GCGTAGCCCTGTCATGCATAACCT	GCGGGATAAAGCACGAAAAATAAT GCGGTGCCGCTGAGTTAGTCAA	9.45
qPhs5D.1	XCFD40-XBARC1097	GCGACAAGTAATTCAGAACGG CGCTTCGGTAAAGTTTTTGC	CTG CCG ATC CAT GCA CAC TCG GCG GCT CCA ATC TA	7.74
qPhs4A	XWMC-313-XWMC497	GCAGTCTAATTATCTGCTGGCG GGGTCCTTGTCTACTCATGTCT	CCCGTGGTTTCTTTCCTTCT AACGACAGGGATGAAAAGCAA	6.09
qPhs1B	XWMC766-XSWESI58	AGATGGAGGGGATATGTTGTCAC TCGTCCCTGCTCATGCTG	GGAAGCAGAGCACCACCCA GGACGGAGGAGCCGGAGAAT	7.62
抗白粉病主效 QTL 位点				
pr4D	Xgwm194-Xcfa2173	GATCTGCTCTACTCTCCTCC CGACGCAGAACTTAAACAAG	GACATACTCCGGCGTTGAAT TTCCCAGGACATCCTTCTTG	20.0

色体上，其中 *qRAD3B* 解释根平均直径变异的 70.05%。

（三）白粉病成株抗性主效 QTL 位点

利用 DH 群体，检测到白粉病成株抗性的 1 个主效 QTL，位于 4D 染色体，解释白粉病成株抗性变异的 20%。

（四）穗发芽主效 QTL 位点

检测到遗传效应值大于 5% 的控制穗发芽的 4 个 QTL，分别位于 1B、2B、4A、5D 染色体。

二、目前国内外报道的主要抗逆分子标记

目前，共检测到控制白粉病生理小种 *Pml–Pm43* 的 82 个基因 / QTL，分布于小麦基因组的 21 条染色体上，其中 *Pm38* 和 *Pm39* 为成株抗性基因，其余均为具有小种专化性的主效基因。单个 QTL 的贡献率值最大 70%，超过 60% 的有 4 个，分别位于 2BL、2BS、2DS 和 7DL。

已报道控制条锈病成株抗性的数量性状遗传位点有 72 个，控制 2 种病害的基因簇（≥ 5 个 QTL）有 8 个，其中位于 7DS 的 *Yrl8/Lr34/Pm38* 和 1BS 的 *Yr29/Lr46/Pm39* 的基因 /QTL 对条锈病、叶锈病和白粉病均表现成株抗性，位于 4DL 的 *Yr46/Lr67* 基因 /QTL 对白粉病也表现成株抗性。目前已克隆了 *Yr18/Lr34/Pm38* 和 *Yr36* 的基因。公认的兼抗多种病害成株抗性的基因簇分别位于 1BL 和 7DS 染色体上。

迄今，正式命名的小麦条锈病抗性基因有 48 个，分布于 43 个染色体位点，暂时命名的条锈病抗性基因有 33 个基因，其中 *Yr*11、*Yr*12、*Yr*13、*Yr*14、*Yr*16、*Yr*18、*Yr*29、*Yr*30、*Yr*36、*Yr*39 和 *Yr*46 为成株抗性基因。含有条锈病成株抗性 QTL 的基因簇有 4 个，分别位于 2AS、2DS、5BL 和 6BL 染色体上；含有白粉病成株抗性 QTL 的基因簇有 8 个，大多集中在小

麦 A 基因组，B 和 D 基因组相对较少，分别位于 1AS、1AL、2AS、2AL、3AS、4AL、5AS 和 5BS 上，单个 QTL 对性状的贡献率值最大为 71.5%，贡献率超过 50% 的 QTL 有 5 个，分别位于 1AS、2BS、4AL、6AL、7DS，如表 11-2 所示。

表 11-2 目前国内外报道的主要抗逆分子标记

性状 Trait	基因 / QTL Gene/QTL	位置 Site/cM	引物序列 Primer sequence（5' → 3'）
抗白粉病	Pm2 Pm4a、4b	5DS	TATCCCCAATCCCCTCTTTC GTCAATTGTGGCTTGTCCCT GCTTTCCATGCTATATTTTCTCA
	Pm4a	2AL	ATTTCCCCAGTATGTCCGITTCT TCCAGTGACCCCATCTGCTCATAC
	Pm4b	2AL	GTGGTGTATCAAATGTCATCATACTGC TCCAGTGACCCCATCTGCTCATAC
	Pm6	2BL	GTGGTGTATC.AAATGTCATCATACTGC ATTTGGATGAGGCAAAGGTG TCTGCTGGTCCTCTGATGTG GCTCCGAAGCAAGAGAAGAA TCTGCTGGTCCTCTGATGTG
	Pm8	IBL/1 RS	AGCAACCAAACACACCCATC ATACTACGAACACACACCCC
	Pml2	6BS-6 SS.6S L	AAGAATAGAATAAGGGTACACGGC ATTTGTGATTGTAGCCACGG TAGAGCAATCCAACTCACGG AAGGGACTGACCCATCAGC CGCCAGCCAATTATCTCCATGA
	Pml3	3B.3D	AGCCATGCGCGGTGTCATGTGAA GGGCCAACACTGGAACAC
	Pml6/Pm30	5BS	GCAGAAGCTTGTTGGTAGGC TATCCCCAATCCCCTCTTTC GTCAATTGTGGCTTGTCCCT
	Pml7	1BL/1 RS	AGCAACCAAACACACCCATC ATACTACGAACACACACCCC
	Pm2	6VS/6 AL	CACTCTCCTCCACTAACAGAGG GTTTGTTCACGTTGAATGAATT
	Pm24	1DS	CCTCTTCCTCCCTCACTTAGC TGCTAACTGGCCTTTGCC

续表

性状 Trait	基因 / QTL Gene/QTL	位置 Site/cM	引物序列 Primer sequence（5'→3'）
抗叶锈病、抗秆锈病	Lrl0	1AS	GTGTAATGCATGCAGGTTCC AGGTGTGAGTGAGTTATGTT
	Lr21	1DL	CGCTTTTACCGAGATTGGTC TCTGGTATCTCACGAAGCCTT
	Lrl9–Sr25	7EL	CATCCTTGGGGACCTC CCAGCTCGCATACATCCA
	Lr24–Sr24	3DL	CTTCGGACAGGAGGGTATGA GGACAGCTGTAAACGGGTrfC TCTAGTCTGTACATGGGGGC TGGCACATGAACTCCATACG
	Lr28	4AL	CCCGGCATAAGTCTATGGTT CAATGAATGAGATACGTGAA
	Lr34/Yrl8/Pm38	7DS	GTTGGTTAAGACTGGTGATGG TGCTTGCTATTGCTGAATAGT
	Lr35–Sr39	2B	GCCTACTTTGACGGCATATGG CCATCTTGACATACTTTGGCCTTCC GAAGTTAAAGAGGTCTTGAC TTTTGAGAATCAGTCATCAC
	Lr26 ～ Sr31–Yr9	1B/1R	AGAGAGAGTAGAAGAGCTGC AGAGAGAGAGCATCCACC CTCTGTGGATAGTTACTTGATCGA CCTAGAACATGCATGGCTGTTACA CACCCCCTTGGTAGCACA
抗条锈病	Yr2		AAAGAATACTTTAATGAA CAAACTTATCAGCjATTAC
	Yrl5	1BS	GCGGGAATCATGCATAGGAAAACAGAA GCGGGGGCGAAACATACACATAAAAACA
	YrGA	6VS	CTATGGAGTATCAATACGACTCCT CCTCGTTGTCAGCCTCTATG
	Yr26	1BS	GGGACAAGGGGAGTTGAAGC GAGAGTTCCAAGCAGAACAC
抗叶锈病、抗秆锈病	Lr47	7AS	AGCCAGTATCCTCCACCTCCT AAGCACTACGAAAATATGAC TCTTAAGGGGTGTTATCATA GCTGATGACCCTGACCGGT
	Sr2	2DS	GGGCAGGCGTTTATTCCAG AAGGCGAATCAAACGGAATA
	Sr26	6AL	GTTGCTTTAGGGGAAAAGCC AATCGTCCACATTGGCTTCT CGCAACAAAATCATGCACTA

性状 Trait	基因 / QTL Gene/QTL	位置 Site/cM	引物序列 Primer sequence（5'→3'）
抗赤霉病	QFhs.ndsu–3BS	3BS	AGCGCTCGAAAAGTCAG GGCAGGTCCAACTCCAG AAGGCGAATCAAACGGAATA GTTGCTTTAGGGGAAAAGCC TTCCCATAACTAAAACCGCG GGAACATATTTCTGGACTTTG AGACGTTGGACAATGGGTTC TATCTATGCGGGCTTTCGAC
	QFhs.ndsu–SBS	5BS	CGTACTCCACTCCACACGG CGGTCCAAGTGCTACCTTTC
抗纹枯病	CHR10	7D	TTCTAAAATGTTTGAAACGCTC GCATTTCGATATGTTGAAGTAA AGTTATGTATTCTCTCGAGCCTG GGTAACCACTAGAGTATGTCCTT
	CHR11	7D	GCGAAATGTGATGGGGTTTATCTA GCGATTTGATTTAACTTTAGCAGTGAG
抗黄矮病	Bdv2	7x	ACGAATTCCCAGCTAAACGCCCTC TCATTGTTGATCTTGCATGGTCGTAG
抗梭条斑	Wsml	4DS–4	GTAGCAGGGGAAGCTGAAGA
抗蚜虫病	Dn2	7D	CTGCTGGGACGAAGCGTTTGAC CTGCTGGGACCCGATGAATTGT CTCACGTTGGAGCCATTGACG
抗穗发芽	QPhs.ocs.3A–1	3AS	GGGCGGCGCATGTGCACCTA GCGTGGAAGCGACTAAATCAACT ACGTCATCGAGCCCTTCTAT AGAGACACGGTTGCTACAAAGA
	VPIB3	3BL	TGCTCCTTTCCCAATTGG ACCCTCCTGCAGCTCATTG
抗旱	FIA–1	1A	ACAAACCAAATCCCACTCCCACAA GCGCATCAGAACACTGTACTGGTAG
	FIA–2		AGTAAGTCCCCACTCACCAC GCAAACGTATAACCATCAAAAC
	FIA–3		TCCCTGACTTTTTTTTTTGAACCCT CATCCTCCATTGCCCGTAGT
	FerAl–intrlFer Al–intrl		CAACGAGCAGCAGGAATCAAGTGAG GAAATCATAGAAACAGA

注　根据孙果忠等（2011）、鞠丽萍等（2013）整理。

第二节　主要抗逆性状的分子标记及其应用

随着作物产量、品质的提高和改善，人们对作物抗逆性的要求越来越高，只有抗逆性好的品种，才能在不同的年份和地点实现高产、稳产和优质。因此，人们对作物的抗逆生理研究及抗逆育种越来越重视。抗逆性包括作物对旱害、冻害、病虫害和盐害等多方面的适应和抵抗能力，是一个受不同类型基因控制的非常复杂的问题。虽然某种病害可能受寡基因控制，但众多的生理小种的频繁变异使抗病育种变得非常复杂。旱害、冻害和盐害的抗逆性受多基因控制，其遗传机理研究和防控制工作更加复杂。本节主要总结了小麦锈病、赤霉病和白粉病的分子标记辅助选择工作，然后综述了其他抗逆性状的有关研究，旨在为主要抗逆性状的分子标记辅助育种提供参考。

一、抗锈病的分子标记应用

（一）抗锈病的分子标记应用概述

小麦锈病分子标记近年来得到快速发展，据不完全统计，已获得了 $Yr7$、$Yr9$、$Yr36$ 等多个抗条锈基因的不同分子标记。邵映田等利用 F_2 群体获得了 $Yr10$ 的 AFLP 标记，并转化成 SCAR 标记，经后代遗传连锁分析表明，该标记与抗条锈基因 $Yr10$ 的连锁距离为 0.5cm，能准确、快速地检测小麦中抗条锈基因 $Yr10$ 陈晓红等利用近等基因系，通过 RAPD 标记方法获得了与抗条锈基因 $Yr5$ 紧密连锁的 RAPD 标记。Spielmeyer 等利用 SSR 标记技术得到与 $Yr18$ 小麦抗条锈基因的 SSR 标记，该标记与 $Yr18$ 紧密连锁。

Yr26 对多数条锈病菌小种表现高抗，孙果忠等利用 23 个品种进行验证性研究，发现 *WeI73F/WeI73R* 标记可检测 *Yr26* 基因，用于分子标记辅助育种。同时，经验证 *J9/IF7J9/2R*、*24–16F/24–16R2* 标记可用于 *Lr24–Sr24* 分子标记辅助育种。

根据报道，同时含有条锈病和白粉病成株抗性的 QTL 簇有 22 个，除 1D、6D 和 7A 染色体外，其余各个染色体均含有 1 ～ 2 个兼抗两种病害的成株抗性基因簇，含有 5（包括 5）个以上 QTL 的基因簇有 8 个，分别位于小麦 1BL、2BS、2BL、3BS、4BL、SDL、6BS 和 7DS 染色体上，约占总 QTL 的 34%。其中位于 7DS 的 *Yr18/Lr34/Pm38* 和 1BS 上的 *Yr29/Lr46/Pm39* 对条锈病、叶锈病和白粉病均表现成株抗性，位于 4DL 的 *Yr46/Lr67* 位点也对白粉病表现成株抗性。目前已克隆的抗病基因主要有 *Yr18/Lr34/Pm38* 和 *Yr36* 的基因。

（二）抗叶锈病基因 *Lr10* 基因的分子检测

小麦叶锈病是小麦的主要病害之一，其造成的产量损失严重时可达到 50%。生产上，人们历来重视抗锈病品种的选择，大面积推广的品种大多数都高抗当时的主要生理小种。*Lrl0* 基因位于小麦 1A 染色体短臂上，对小麦叶锈病和其他未知病害具抗性。*Lrl0* 基因与另一抗病基因同源序列 *RGA2* 紧密连锁，该位点存在 H_1 和 H_2 两种古单倍型。H_1 古单倍型含有完整的 *Lrl0* 基因及与其紧密连锁的 *RGA2* 基因；H_2 型仅含有 *RGA2* 的部分序列，缺失了 *RGA2* 基因的 5' 端部分序列及全部的 *Lrl0* 基因序列。群体遗传学研究表明这两种古单倍型原存在于一粒小麦（*Triticum urartu*）和野生二粒小麦（*Triticum dicoccoides*）中。在小麦进化和选育过程中，该基因已成功转入普通小麦且对叶锈病菌株（AvrLrl0）89–201CBTB（TX）表现出抗性。

为评价 *Lr10* 基因位点在中国小麦中的遗传多样性及其可能经历的瓶颈效应，选用 247 份中国小麦品种（系），检测分析了 *Lr10* 基因位点的古单倍型及其等位基因的遗传变异，阐明了以下 3 个问题：① *Lr10* 基因位点的两种古单倍型（H_1 和 H_2）在中国小麦品种（系）中的比例及其瓶颈效应；② *Lr10* 基因位点在中国小麦品种（系）中的等位变异及其遗传多样性；③ *Lr10* 基因位点多样性的机制。上述结果可为不同抗病基因资源的保护及在育种上的利用提供参考。

1. 材料与方法

（1）植物材料。实验材料为国家小麦改良中心泰安分中心提供的 247 份小麦品种（系），其中小麦品种为 189 份，包括山东 103 份、河北 31 份、河南 22 份、陕西 10 份、江苏 7 份、山西 5 份、北京 4 份、安徽 2 份、宁夏 2 份，以及西藏、新疆和云南各 1 份；国家小麦改良中心泰安分中心新育成的小麦高代品系 58 份。所有实验材料均于 2011 ～ 2012 年种植于山东农业大学试验站，每个材料种植 3 行，行长 3m，行宽 0.26m，四周各种 1m 保护行，生育期间肥水按高产田管理，未进行防病处理，未发生倒伏。

（2）*Lr10* 基因位点相关片段的 PCR 扩增。小麦品种（系）幼苗的总 DNA 提取采用 Doyle 的方法。H_1 和 H_2 两种单倍型的检测用引物 *control* 和 *rgalPro*（表 11-3），其中引物 *control* 用于扩增 H_1 和 H_2 两种单倍型的共同序列，引物 *rgalPro* 特异性扩增 *Lr10* 基因的 5' 非编码区及部分 5' 编码区，只在 H_1 型个体中有扩增产物（图 11-1）。H_1 的亚型采用 3 对引物进行检测：*ThLr*10_*T/P*、*ThLr*10_*E/H* 和 *ThLr*10_*G/J*。H_2 的亚型采用 4 对引物进行检测：*A*、*B*、*C* 和 *B_3k*。9 对引物在 *Lr*10 基因位点的位置和序列分别列于图 11-1 和表 11-3。引物由上海生工生物技术服务有限公司合成。

PCR 反应在 T-gradient Thermal Cycler（Bio-metra）上完成，PCR 扩增

体系和程序参照以前的报道。扩增产物经 10.70% ～ 20.70% 的溴化乙锭染色的琼脂糖电泳，电泳结果采用 BioshineGelX1650（上海欧翔科学仪器有限公司出产）凝胶成像系统观察、照相、读带。

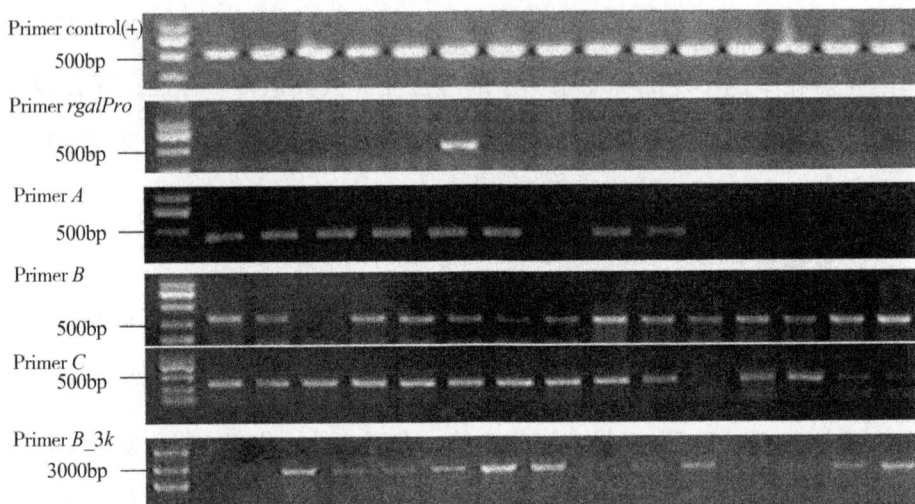

图 11-1　*Lr10* 基因位点的引物在小麦品种（系）的扩增图谱
（分子标记为 *Trans2Kplus*，图的左边分别是引物名称和片段大小）

表 11-3　特异性扩增 *Lr10* 基因的引物序列

引物 Primer	上游引物 Forward sequence	下游引物 Reverse sequence
对照 control	ACACATGTTCCATCCAACGG	CTGGATATCCTCGTGAGCAT
H1 的特异引物	Specific primers to the H1 ancient haplotype	
rgalPro *ThLr10_T/P* *ThLr10_E/H* *ThLr10_G/J*	TTGATTTTGGGCCACTCTTC CTGAGTGAGCATGAGCAAC AGCCCTAATATGGCAACC GCTCTTCTAACGGGGATC	GAATAGGCGTGATGGAGCAT TGGAATTGAGACAGTACAC TGTAGAACCGTGCCTTAC CATCTCTTGAAAGCTCC
H2 的特异引物	Specific primers to the H2 ancient haplotype	
A *C* *B* *B_3k*	AGCTGCAACCTTCCTCCAAT AAGCTCAAACGTTTGTTGCGG ACAAGACCCCAGGATAGAGG GTCTCCAAGGCCACATTGAA	GCTTATAGATTCGCCTCCCAA GCTAAAAGGTTGATGTCGGAC GTGCGTCATTGAGTTCCAGA GTGCGTCATTGAGTTCCAGA

（3）数据分析。*Lrl0* 位点基因型按照 PCR 扩增片段的有或无进行命名。例如，若两对引物 *control* 和 *rgalPro* 都有 PCR 产物，则其古单倍型的类型为 H_1；若仅引物 *control* 有 PCR 产物，引物 *rgalPro* 无扩增产物，则其古单倍型的类型为 H_2。检测 H_1 单倍型亚型时，将 PCR 扩增结果在古单倍型 H_1 的特异引物中没有差异基因型统一命名为 H_1–1；将 H_1 和 H_2 古单倍型的特异引物都有 PCR 产物的基因型统一命名为 H_1–2，该基因型为古单倍型 H_1 和 H_2 的重组类型。用 H_2 特异性引物检测 H_2 单倍型亚型时，将 *control*、*A*、*B*、*C*、*B_3k5* 对引物都有 PCR 产物的基因型命名为 H_2–1；将仅 *control*、A、B 和 C4 对引物有 PCR 产物的基因型命名为 H_2–2；将仅引物 *control* 有 PCR 产物，而另 4 对引物 *A*、*B*、*C* 和 *B_3k* 都无 PCR 产物的基因型命名为 H_2–3；将仅 *control*、*B*、*C* 和 *B_3k4* 对引物有 PCR 产物的基因型命名为 H_2–4；将仅 *control*、*B* 和 *C3* 对引物有 PCR 产物的基因型命名为 H_2–5；将仅引物 *control* 和 A 有 PCR 产物的基因型命名为 H_2–6；将仅引物 *control*、*A*、和 *B_3k* 有 PCR 产物的基因型命名为 H_2–7。基因型的相关信息列于表 11–4。采用软件 SAS9.0 统计古单倍型及其亚型的发生频率以及基因型和其育成单位的相关性，设置显著性水平 $P<0.05$。

2. 结果与分析

（1）中国小麦品种（系）中 *Lr*10 基因型的多样性。小麦品种或品系中均检测到 H_1 和 H_2 两种古单倍型，说明中国小麦中存在 *Lr*10 基因的两种古单倍型（图 11–1），但两种古单倍型的发生频率有显著差异（表 11–4）。在 189 份小麦品种中，有 180 份材料的古单倍型为 H_2，占供试品种的 95.24%，仅有 9 份材料含有 H_1 单倍型，占供试品种的 4.76%（表 11–4）；在 58 份小麦品系中，有 56 份材料的古单倍型为 H_2，占供试品系的 96.55%，仅有 2 份材料含有 H_1 单倍型，占供试品系的 3.45%。

表 11-4　按 PCR 产物命名的基因型

引物 Primer	基因型 Genotype										
	H_1-1	H_1-2	H_1-2	H_1-2	H_2-1	H_2-2	H_2-3	H_2-4	H_2-5	H_2-6	H_2-7
control	+	+	+	+	+	+	+	+	+	+	+
rgalPro	+	+	+	−	−	−	−	−	−	−	−
ThLrl0_T/P	+	+	+	−	−	−	−	−	−	−	−
ThLr10_E/H	+	+	+	−	−	−	−	−	−	−	−
ThLr10G/J	+	+	+	+	−	−	−	−	−	−	−
A	−	+	−	−	+	+	−	−	−	+	+
B	−	−	−	+	+	+	−	+	+	−	−
C	−	−	−	+	+	+	−	+	+	−	−
B_3k	−	−	+	−	+	−	−	+	−	−	+

注 1. "+"表示可以扩增出预期片段；"−"表示未扩增出预期片段

2. 若 H_1 和 H_2 古单倍型的特异引物都有 PCR 产物，则其基因型统一命名为 H_1-2，该基因型为 H_1 和 H_2 的重组类型

供试小麦品种和品系中均检测到不同的单倍型亚型。供试小麦品种中共检测到 9 种亚型，分别是 H_1-1、H_1-2、H_2-1、H_2-2、H_2-3、H_2-4、H_2-5、H_2-6 和 H_2-7；新育成的小麦品系中只检测到 5 种单倍型亚型，分别是 H_1-2、H_2-1、H_2-2、H_2-4 和 H_2-5。9 种亚型中，前人已报道的有 H_1-1、H_2-1、H_2-2 和 H_2-3 共 4 种基因型；另外的 5 种基因型 H_1-2、H_2-4、H_2-5、H_2-6 和 H_2-7（表 11-4）为新发现。供试小麦品种中，基因型 H_2-1 的发生频率最高，基因型 H_2-3 和 H_2-6 的发生频率最低，基因型的发生频率按由低到高的顺序依次为 H_2-3-H_2-6（0.53%，1/189）<H_1-2=H_2-4-H_2-7（1.06%，2/189）<H_2-5（2.12%，4/189）<H_1-1（3.70%，7/189）<H_2-2（20.63%，39/189）<H_2-1（69.31%，131/189）。供试小麦品系中，基因型 H_2-1 的发生频率最高，基因型 H_2-3 和 H_2-6 的发生频率最低，基因型 H_1-1、H_2-3、H_2-6 和 H_2-7 没有发生频率，基因型的发生频率按由低

到高的顺序依次为 H_1-2（3.45%，2/58）<H_2-5（2.12%，4/189）<H_2-2（18.97%，11/58）<H_2-5（24.14%，14/58）<H_2-4（25.86%，15/58）<H_2-1（27.59 %，16/58），详见表 11-4。用所有供试小麦品种（系）进行统计，同样是基因型 H_2-1 在所检测材料中发生频率最高，其次是 H_2-2；基因型 H_2-3 和 H_2-6 的发生频率最低（见表 11-4）。

（2）Lr10 基因型遗传多样性与品种育成地的相关性。选用样品数较多的山东、河北、河南和陕西材料进行了 Lr10 位点基因型与品种育成地的相关性分析。基因型 H_2-1 和 H_2-2 广泛分布于 4 个省份，没有地理分布特征；基因型 H_2-3 和 H_2-4 仅分布在山东；基因型 H_2-5 在山东和陕西的小麦品种中都有分布；基因型 H_2-7 仅分布在河南的小麦品种中；基因型 H_2-6 不分布在这 4 个省份，仅分布在江苏的小麦品种中。总之，基因型 H_2-1 和 H_2-2 与其育成地没有相关性（P>0.05），其他基因型与其育成地存在相关性（P<0.05）。

3. 讨论

Lr10 基因是小麦中 4 个已测序抗叶锈病基因之一，全长为 4756bp，与其他抗叶锈病基因序列的相似度低。该基因编码 1169 个氨基酸长度的 CC-NBS-LRR 类型蛋白质，在蛋白 CC 结构域的 N 端经历了多样性选择（diversifying selection）。另一抗病基因同源序列 *RGA2* 与 *Lrl0* 基因紧密连锁，是 Lr10 基因表现出抗性必需的调控基因。国内学者亦鉴定出含 *Lrl0* 基因的种质资源，陈万权和王剑雄采用基因推导法在来自世界各地的 76 个小麦种质资源中鉴定出 4 个材料含 Lr10 基因；丁艳红等采用 STS 分子标记在 28 个小麦微核心种质中鉴定出 2 个材料含 *Lrl0* 基因。有研究在 189 份小麦品种中仅鉴定出 9 个品种同时含有 *Lrl0* 基因和 *RGA2* 基因，其中 2 个品种含有 *Lrl0* 基因和缺失的 *RGA2* 基因；在 58 份小麦品系中没有鉴定出同时含

有完整 *Lr10* 基因和 *RGA2* 基因的材料,仅有 2 个品系同时含有 *Lr10* 基因和缺失的 *RGA2* 基因。上述研究结果表明 *Lr10* 基因经历了强烈的瓶颈效应,推测导致这种结果的原因有两个:其一,当前流行的叶锈病菌已对 *Lr10* 基因产生抗性,因而小麦抗病育种工作者已不选育含有此基因的材料,国内的已有研究倾向于该种解释;其二,*Lr10* 基因可能对某些稀有致病小种或未知种有抗性,但对当前流行的叶锈病菌没有效果,且该基因的表达对产量或其他农艺性状有负面效应,最终导致其他育种工作者也不选育含有此基因的材料,国外的已有研究倾向于该种解释。

本文认为这两种解释都有其合理性,同时也认为国内外学者采用研究方法的不同也可能导致上述解释的差异。

Lr10 基因位点的基因型分析表明,小麦品种中发生频率最高的是 H2-1 基因型,其次是 H2-2 基因型,说明该位点的基因型也经历了明显的瓶颈效应,也说明 H2-1 基因型可能是世界性的优势基因型,但导致 H2-1 基因型占优势的原因还需进一步探究。另外,*Lr10* 基因位点的瓶颈效应说明需要保护那些基因型发生频率低的材料,如含 H1-1 基因型的材料,这类材料含有较完整的 *Lr10* 基因和 *RGA2* 基因。

二、抗赤霉病的分子标记应用

(一)抗赤霉病的分子标记应用概述

赤霉病是小麦生产上的一种重要病害,广泛分布于全世界温暖湿润的麦区。在大流行年份小麦会减产 30% ~ 60%,中流行年份减产 5% ~ 15%。该病不仅影响小麦的产量,降低小麦的品质,而且麦粒中含有的毒素人畜禽误食后会引起中毒症状,危害极大。近年来,由于稻—麦、玉米—小麦轮作和免耕技术的普遍推广及全球气候的变化,赤霉病的发生在我国有北移的趋势，山东、河南和陕西等麦区小麦赤霉病的流行频率有所加快，发生程度逐年加重。依赖化学防治虽然对控制赤霉病的大发生和大流行有一定效果，但不可避免地造成生产成本增加和环境污染，选育种植抗病品种是控制该病的最经济有效的途径，因此，高抗赤霉病小麦新品种的选育势在必行。

迄今为止，已有超过 50 篇关于小麦抗赤霉病 QTL 定位的报道，除 7D 染色体外，其他所有的染色体上都检测到了抗赤霉病 QTL 的存在。其中，位于 3B、5A 和 6B 染色体上的 QTL 存在于"苏麦 3 号""望水白""wuhan""Nyubai""Frontana""CM82036""DH181"等多个种质中，并且效应较强，是小麦抗赤霉病的主效 QTL。已报道的有关赤霉病的 QTL 中，4BQTL 和 5AQTL 的效应较大，分别可以解释 17.5% 和 27.0% 的表型变异。目前，世界上还没有对赤霉病完全免疫的小麦品种。

小麦抗赤霉病的表现为数量性状，受环境影响大，涉及的基因众多，在不同材料中检测到 QTL 的数量和位置都有差别，目前只有 3B、6B 和 5A 染色体上的 QTL 在多个不同的抗源和环境中都能检测到，且效应较强，其中与抗扩展相关的 6B QTL 已精确定位。

孙果忠（2011）利用抗赤霉病主效 QTL（*QFhs.nchu-3BS*）的 4 对分子标记（*Xbarc133-3BF/R.Xgwm533-3B.IF/R*、*Xgwm, 493-3BF/R*、*XSTS3B1F/R* 进行抗赤霉病的分子检测，基因型和表型结果相符，说明这 4 个标记可用于抗赤霉病的分子标记辅助选择（图 11-2）。

郎淑平等以抗赤霉病小麦品种"苏麦 3 号"和优质面包小麦"安农 94212"、"扬麦 158"等配置杂交组合，利用覆盖"苏麦 3 号"抗赤霉病主效 QTL（*Qfhs.ndsu23BS*）的 4 个 SSR 标记（*Xgwm389*、*Xgwm493*、*Xgwm533*、*Xbarc87*）和优质高分子质量麦谷蛋白亚基 5+10 特异分子标记

在杂交 F_3 代进行标记辅助选择，F_4 代选育到纯合的含有 *Qths.n*，*dsu23BS* 和 5+10 亚基的 2 个聚合体（J331628 和 J3316210）。经田间赤霉病抗性鉴定，"J331628"自交后代的 8 个株系赤霉病抗性表现优于"苏麦 3 号"，"J3316210"自交后代的 2 个株系赤霉病抗性与"苏麦 3 号"，相当（图 11-3）。

Wilde 通过分子标记辅助选择结合表型选择将 CM-82036 中的 *QFhi-5AS* 和 *QFhi-3Bs* 抗赤霉病 QTL 转育到 2 个德国春小麦中，证明 2 个位点都能显著降低赤霉病严重度。Garvin 和 Dill-Macky 将"苏麦 3 号"的 Q *fhi-5AS* 导入到 3 个遗传背景中，田间抗性鉴定结果表明 5 AQTL 能够显著降低赤霉病的病情严重度。Miedaner 等将 CM-52036 中的 *QFhi-5AS* 等抗赤霉病 QTL 转育到综合性状优良的欧洲春小麦品种中，3B 和 5A 的效应最高，使病情严重度降低 55%。

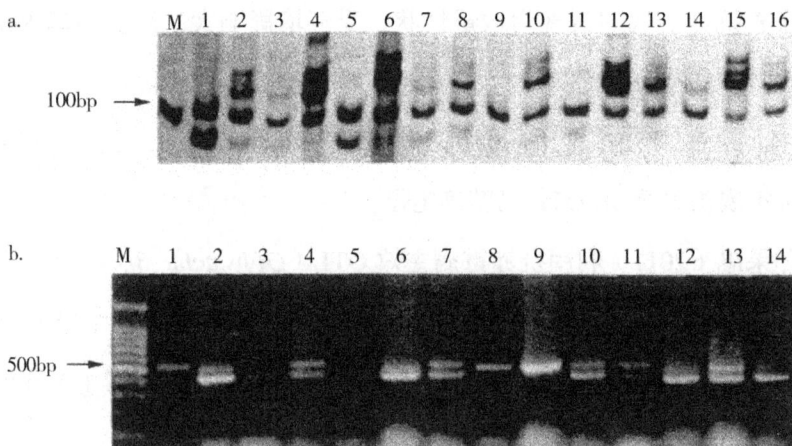

图 11-2 抗病性分子标记实用性检测

a. *Xbarc133-3BF/Xbarc133-3BR* 标记检测 QFhs.ndsu-3BS 结果。

M.50bpmarker；1."望水白"；2."石 7012"；3."冀麦 38"；4."石新 616"；5."石 4185"；6."科农 199"；7."金禾 9123"；8."藁优 2018"；9."石麦 18"；

10. "冀 5265"；11. "沧 6002"；12. "藁城 8901"；13. "邯 4564"；14. "师栾 02-1"；15. "邯 6172"；16. "石麦 15"

b. M.100bpmarker；1. "望水白"；2. "石 7012"；3. "冀麦 38"；4. "石新 616"；5. "石 4185"；6. "科农 199"；7. "金禾 9123"；8. "藁优 2018"；9. "石麦 18"；10. "邢麦 6 号"；11. "石家庄 8 号"；12. "沧 6002"；13. "藁城 8901"；14. "邯 4564"

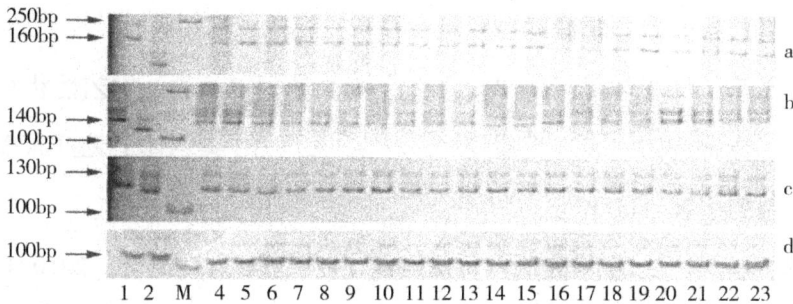

图 11-3　品质基因和抗病性基因聚合育种检测

a. "Xgwm493"；b. "Xgwm533"；c. "Xgwm389"；d. "Xbarc87"

1. "苏麦 3 号"；2. "绵阳 85-45"；M.DL2000；4-13. "J3316-8"单株后代；14-23. "J3316-8"单株后代

任丽娟等对抗病品种望水白（♀）和感病品种（♂）杂交获得的重组自交系的每个家系的基因型和每个家系的赤霉抗性表型数据进行 QTL 和遗传连锁分析，获得与"望水白"赤霉抗性主效 QTL 紧密连锁的分子标记 Xgwm161、BARC147 和 Xgwm493。通过检测"望水白"及其衍生品种（系）的 DNA 中是否有分子标记，可预测其赤霉抗性水平，从而可加快抗赤霉病小麦的选择进度（专利号 ZL2010102868P74.X）。

（二）抗赤霉病的分子标记应用举例

抗侵染与抗扩展是小麦对赤霉病抗性的两种主要表现类型，利用小麦赤霉病抗侵染与抗扩展的主效 QTL 紧密连锁的分子标记 BARC147 和 BARC180，在 F₁、F₂、F₃ 群体里进行了赤霉病抗性的分子标记辅助选择，证明了利用分子标记对赤霉病抗性选择的可行性。

1. 试验材料

赤霉病抗性供体材料："优 2S004"为山东农业大学培育的国审小麦品种"山农优麦 2 号"的近等基因系，由南京农业大学转育而成，为高抗赤霉病材料，在 5A 染色体上含有抗赤霉病侵染的主效 QTL 位点，在 3B 染色体上含有抗赤霉病抗扩展的主效 QTL 位点。

赤霉病抗性受体材料："山农 20"为高产国审品种，农艺性状好，产量高，但赤霉病田间表现为高发性，其在 5A 与 3B 染色体上无抗赤霉病侵染与扩展的主效 QTL 位点。

选择群体：2009 年配制"优 2S004/ 山农 20"杂交组合，2010 年群体 F_1，2011 年群体 F_2，2012 年群体 F_3，材料均种在山东农业大学实验农场。群体 F_1 混合收获后；2010 年秋 10cm 人工点播；2011 年夏按单株收获，2011 年秋按株行 10cm 人工点播，每单株种植 2 行，2012 年按单株收获；2012 年秋按株行均匀撒播。田间管理按正常管理进行。

2. 试验方法

（1）DNA 提取：参照 Saghai-Maroof 的 CTAB 法，从叶片中提取 DNA，提纯后经 HOefer TK0100 荧光定量仪定量。

（2）SSR 标记检测：SSR 引物 *BARC180* 与 *BARC147* 根据南京农业大学提供的引物序列合成（表 11-5）。PCR 反应体积 20μL，每个反应包括 40～80ngDNA、PCR 缓冲液、1.5mmol/L MgCl2.250nmol/L 引物、2.0mmol/L dNTP 和 1UTaq 酶。PCR 反应参数：94℃ 5min；94℃ 30s，60℃ 30s，72℃ 1min，40 个循环；72℃ 4min；4℃保存。扩增产物经 6% 聚丙烯酰胺凝胶电泳，银染显色成像。

表 11-5 抗赤霉病主效 QTL 位点分子标记引物序列

引物名称 Marker name	效应 Effect	染色体 Chromo- some	F（5'→3'）	R（5'→3'）	退火 温度／℃ Annealing temperature
BARC147	抗侵染 Resist- infect	3B	CGCCATTTATTCATGTTCCTCAT	CGCTTCACATGCAATCCGTTGAT	52
BARC180	抗扩展 Resist- extend	5A	GCGATGCTTGTTTGTTACTTCTC	CGATGGAACTTCTTTTTGCTCTA	52

（3）赤霉病抗性田间鉴定：赤霉病抗性鉴定采用喷雾接种法与单花滴注接种法。喷雾法进行赤霉病抗侵染鉴定，单花滴注法进行赤霉病抗扩展鉴定。喷雾法与单花滴注的接种菌液均采用 F609、F15、F301 及 7136 的强致病力菌株的混合菌液。

喷雾接种法，接种的孢子悬浮液浓度为 5000 个 /mL，在小麦扬花期，向小麦穗部均匀喷洒孢子液，使麦穗上形成雾珠或保持湿润，每个株系接种 20 个穗子。在接种后的 3 天内每天早、中、晚喷水保湿，保证孢子萌发，接种后 21 天调查发病情况并统计病小穗率。

单一菌株接种前将禾谷镰刀菌分生孢子悬浮液浓度调整为 5000 个 /mL，选取刚开花的穗子，于中部小花滴加 10μL 孢子悬浮液，温室喷水保湿 3 天。每个家系接种长势较为一致的 20 个穗子，接种后 21 天调查发病情况并统计病小穗率。

病小穗率 =（发病小穗数 / 总小穗数）×100%

"优 2S004" / "山农 20" F_3 群体于 2012 年在山东农业大学实验田内

进行赤霉病抗性鉴定，2009 年 F_1 进行喷雾接种法进行田间鉴定；2011 年和 2012 年分别用喷雾接种法和单花滴注接种法进行田间鉴定。

3. 实验结果

（1）F_1 群体分子鉴定结果及其抗病表现。随机选择群体 F_1 苗期 100 个单蘖进行分子标记检测，检测结果发现，96 个样品含有赤霉病抗侵染和赤霉病抗扩展的两个 QTL，其田间抗性鉴定和分子标记检测结果基本一致。

（2）F_2 群体分子鉴定结果及其抗病表现。利用 *BARC180* 和 *BARC147* 标记分别对 F_2 群体进行分子标记检测，从中筛选出具有 2 个赤霉病抗性位点的单株 633 个，具有抗侵染与抗扩展单位点的单株分别为 205 个和 217 个。

（3）F_3 群体分子鉴定结果及其抗病表现。利用 *BARC180* 标记对 F_3 群体中 633 个株系进行分子标记筛选，从中筛选出具有单个赤霉病抗侵染 QTL 的株系 86 个（图 11–4），同时对具有赤霉病抗侵染 QTL 的这 86 个株系进行田间赤霉病抗性鉴定，具有抗侵染 QTL 位点的株系的抗性水平为 6.72～10.6，即对赤霉病表现抗病（表 11–6），与分子标记结果基本一致。

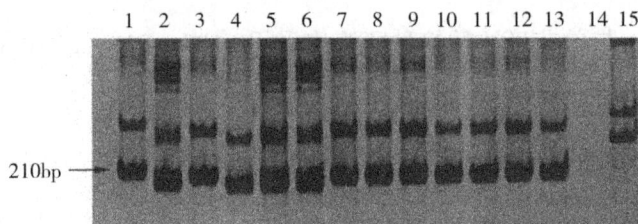

图 11–4　"优 2S004" /"山农 20" F_3 群体 *BARC180* 扩增结果

表 11–6　"优 2S004" × "山农 20" F_3 群体具有抗侵染 QTL 后代赤霉病抗性鉴定结果

接种方法 Inoculation method	病小穗率% Disease Spikelet rate					
	最大值 Maximum	最小值 Minimum	平均值 Mean	中值 Median	优 2S004	山农 20
单花滴注接种法 Single floret injection	10.60	6.72	10.22	9.45	8.76	54.10

利用 *BARC147* 标记对 F$_3$ 群体中 633 个株系进行分子标记筛选，从中筛选出具有单个赤霉病抗扩展 QTL 的株系 78 个（图 11-5），同时对具有赤霉病抗扩展 QTL 位点的这 78 个株系进行赤霉病抗性鉴定（表 11-7），具有抗扩展 QTL 位点的株系的抗性水平为 7.96 ～ 12.44，即对赤霉病表现抗病，与分子标记结果基本一致。

表 11-7 "优 2S004" / "山农 20" F$_3$ 群体具有抗扩展 QTL 位点后代赤霉病抗性鉴定结果

接种方法 Inoculation method	病小穗率% Disease Spikelet rate					
	最大值 Maximum	最小值 Minimum	平均值 Mean	中值 Median	优 2S004	山农 20
单花滴注接种法 Single floret injection	12.44	7.96	11.22	10.68	8.76	54.10

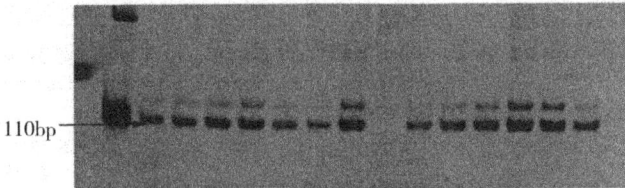

图 11-5 "优 2S004" / "山农 20" F$_3$ 群体 *BARC147* 扩增结果

利用 *BARC180* 和 *BARC147* 标记对 F$_3$ 群体中 633 个株系进行分子标记筛选（图 11-6），从中筛选出具有赤霉病抗侵染与抗扩展 QTL 两个位点的株系 212 个，同时对这 212 个株系进行赤霉病抗性鉴定（表 11-8），其抗性水平为 6.85 ～ 9.21，即对赤霉病表现抗病，与分子标记结果基本一致，不同的接种方法导致出现的赤霉病穗率有差异（表 11-9）。

图 11-6　群体 F_3 不同株系田间鉴定结果

表 11-8　"优 2S004" ／ "山农 20" F_3 群体具有抗侵染与抗扩展 QTL 后代赤霉病抗性鉴定结果

接种方法 Inoculation method	病小穗率% Disease Spikelet rate					
	最大值 Maximum	最小值 Minimum	平均值 Mean	中值 Median	优 2S004	山农 20
单花滴注接 种法 Single floret injection	9.21	6.85	9.11	9.18	8.76	54.10

表 11-9　"优 2S004" ／ "山农 20" F_3 群体后代不同接种法赤霉病抗性鉴定结果

接种方法 Inoculation method	病小穗率% Disease Spikelet rate					
	最大值 Maximum	最小值 Minimum	平均值 Mean	中值 Median	优 2S004	山农 20
单花滴注接 种法 Single floret injection	67.34	5.67	31.89	28.34	8.76	54.10
喷雾接种法 Spray inoculation	66.89	6.77	25.78	24.21	7.43	60.98

三、抗白粉病的分子标记及应用

小麦的白粉病大多数受寡基因或主效 QTL 控制，因此抗白粉病分子标记应用较多。孙果忠利用 3 对抗白粉病分子标记 Whs3501F/Whs350R、Whs3501F/Whs350S、Xcfd81-5DF/Xcfd81-5DR 进行分子标记辅助选择实践，发现 Xcfd81-5DF/Xcfd81-5DR 标记可用于抗白粉病的分子标记辅助育种。利用 Pm4F/Pm4R、CIF/RIR、Pm4a/bF/Pm4a/bR、Pm4bF/Pm4bR 共 4 对分子标记检测 Pm4 基因，发现 Pm4F/Pm4R 标记无法用于分子标记辅助选择；而 CIF/RIR 与 Pm4bF/Pm4bR 可用于 Pm4 的分子鉴定；研究还发现 BCD135-1F/BCD135-1R、BCD135-2F/BCD135-2R 标记共同用于 Pm6 基因分子标记辅助育种。CAU196F/CAUI96R 可用于 Pm21 基因分子标记辅助选择。

王心宇等利用与 Pm2、Pm4a、Pm8、Pm21 紧密连锁或共分离的 RFLP 标记和 PCR 标记（SCAR 标记），对含有这些基因的优良品系间配制的杂交 F_4 群体进行分子标记辅助选择，结合田间抗性鉴定筛选到 14 株含有 Pm4a+Pm21 标记、16 株含有 Pm2+Pm4a 标记、6 株含有 Pm8+Pm21 标记，田间抗性表现和分子鉴定结果基本一致。

高安礼等利用与 Pm2 基因连锁的 STS 标记（Whs350-1:5'-AGCTGTTTG GGTACAAGGTG-3f 和 Whs350-Res:5'-GCCATCGTTTTCTACTAG-3'）、与 Pm4a 基因共分离的 STS 标记（R1:5'-GTGGTGTATCAAATGTCATCAGT ACTAC-3, 和 C1:5'-TCCAGTGACCCCATCTGCTCATAC-3'），以及与 Pm21 基因紧密连锁的 SCAR 标记（RD:5'-CACCTCCTCCACTAACAGAGG-3' 和 RE:5'-GTTTGTTCACGTTGAATGAATTC-3'）。对含有 Pm2、Pm4a 和 Pm21 的小麦品系复合杂交后代经 3 轮分子标记选择，得到了一批聚合有 Pm2+Pm4a+Pm21 三个基因的抗病植株，以及若干株 Pm2+Pm21、Pm4a+Pm21

和 *Pm2+Pm4a* 两个基因聚合的植株，并对中选植株进行了抗病性人工接种鉴定。结果显示含有 *Pm21* 的聚合体与 *Pm21* 基因单独存在时抗性相当，均对白粉病免疫，聚合体 *Pm2+Pm4a* 的抗性好于 *Pm2* 或 *Pm4a* 单独存在时的抗性。

朱振东利用与 3 个抗小麦白粉病基因（*PmPS5A*、*PmPS5B*、*PmY39*）连锁的微卫星标记对分别由"波斯小麦 PS5"和"小伞山羊草 Y39"衍生的 72 个小麦抗病品系进行了抗白粉病基因鉴定。在 24 个由"波斯小麦 PS5"和"小伞山羊草 Y39"合成的双二倍体 *Am9* 衍生的品系中，有 2 个品系含有 *PmPS5A* 的标记，有 19 个品系含有 *PmPS5B* 的标记，有 7 个品系含有 *PmY39* 的标记，还有 4 个品系含有 *PmPS5B+PmY39* 基因的标记。在 48 个由"波斯小麦 PS5"分别和 5 个不同粗山羊草合成双二倍体衍生的品系中，有 25 个品系含有 *PmPS5A* 的标记，3 个品系含有 *PmPS5B* 的标记。

黄大辉利用黄矮病抗性基因 *Bdv2* 特异的 SCAR 标记 *SCW–37*，白粉病抗性基因 *Pm13* 和 *Pm21* 的特异标记，对 54 株杂交回交后代进行扩增，检测选择到 *Pm13+Pm21+Bdv2* 聚合的抗病优质材料 1 株；*Pm21+Bdv2* 基因聚合株 11 株。

四、抗纹枯病的分子标记应用

目前已经定位到小麦对纹枯病的抗性基因位点 30 多个，A、B、D 染色体组都有分布，除 4A、4B、4D、5B、5D、6D 外其他染色体都有主效 QTL，QTL 在 2D 染色体上的频率最高，其中单个 QTL 对表型的贡献值最高达 48.97%。孙果忠等利用 2 对标记 *Xwmc94F/Xwmc94R*、*Xwmc273.2F/Xwmc273.2R* 检测抗纹枯病 QTL–CHR10；利用 *Xbarcl72F/Xbarcl72R* 检测抗纹枯病 QTL–CHR/ 发现，进行 CHR10、CHR11 两个 QTL 聚合时，以上 3 个标记均可用于抗纹枯病分子标记育种辅助选择（图 11-7）。

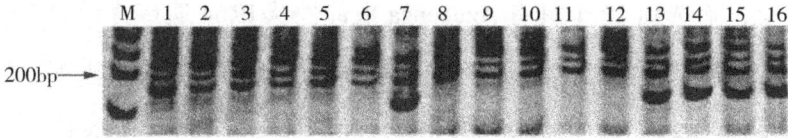

图 11-7　纹枯病分子标记实用性检测（孙果忠，2011）

M. 500bpmarker, 1. "ARZ"；2. "02-192"；3. "Navtiv14"；4. "03-885"；5. "石 7012"；
6. "冀麦 38"；7. "石新 616"；8. "科农 199"；9. "金禾 9123"；10. "蕙优 2018"；11. "石麦
18"；12. "冀 5265"；13. "沧 6002"；14. "蕙城 8901"；15. "邯 4564"；16. "邯 6172"

　　任丽娟等定位了小麦纹枯病抗性的 QTL（专利 ZL200710019279.8），
4 个分子标记 gwm608、gwm88、wmc727、gwm410.2 进行 PCR 扩增后，凝
胶电泳获得的大小分别为 180bp、130bp、200bp 和 300bp 的片段。该分子
标记可以用于小麦品种 "CI12633" 及其衍生品系的基因型检测，以判断该
品种或品系是否具有小麦纹枯病抗性。

五、抗旱、抗盐的分子标记及应用

（一）抗旱的分子标记及应用

　　小麦抗旱性状的 QTL 研究，目前国内外主要开展了根系、水分利用效
率、脱落酸含量、渗透调节、蒸腾速率和气孔导度等与抗旱相关的形态、
生理性状方面的分析，真正用于小麦分子标记辅助选择的基因 / QTL 相对
较少。

　　Agrama 和 Moussa 利用玉米 SD34（抗旱）× SD35（不抗旱）的 F_3 家
系，在干旱条件下，用 RFLP 标记定位了 5 个玉米抗旱相关的 QTL，这 5
个 QTL 解释干旱条件下产量性状表型变异的 50%。Shen 等利用水稻 IR64/
Azucenza 的 DH 系获得了分别位于 1、2、7、9 号染色体上控制最大根长、
深根重、总根重的 4 个 QTL，并在回交育种中选用与其紧密连锁的分子标

记，进行目标性状的前景选择及受体基因组的背景选择，经过 3 代回交和 2 代自交，筛选到 29 个具有 Azucenza 根部性状 IR64 遗传背景的近等基因系。温室及大田检测表明，这些近等基因系在深根重、总根重等性状上明显优于对照 IR64，说明基于根系 QTL 的 MAS 是有效的。Kristin 等利用随机扩增多态性 DNARAPD 对大豆进行分子标记辅助选择，发现严重干旱条件下，不如在中等干旱条件下选择有效。在 Sierra/Ler-ZRB 群体中，用于分子标记辅助选择的 5 个 RAPD 标记，在干旱条件下，选择效率为 11%，在没有干旱胁迫时，选择效率为 8%。在 Sierra/AC1028 群体中，分子标记辅助选择的效率是传统选择方法的 3 倍。

鞠丽萍等依据 2 个强抗旱性和 2 个弱抗旱性小麦品种 1A 染色体上铁结合蛋白基因（*TaFER-A1*）序列的差异，开发了与抗旱有关的 *TaFer-A1* 基因的分子标记，用 150 份萌发期抗旱性不同的小麦品种（系）对标记的有效性进行验证，结果有 73 份为 *Tafer-A1a* 等位变异类型，平均相对发芽率为 70.1%；77 份为 *TaFER-A1b* 等位变异类型，平均相对发芽率为 55.1%。TaFer-A1a 等位变异类型品种（系）的平均相对发芽率极显著高于 *TaFer-A1b* 等位变异类型的（P<0.01），说明该共显性标记 *TaFweA1-intr1* 可用于小麦抗旱性的鉴定和筛选，也表明 *TaFer-A1* 基因与小麦抗旱性有关。

（二）耐盐的分子标记及应用

目前报道的控制耐盐性状的 QTL 主要分布在 3BL、3D、4D、5AS、5B、5D、7D 染色体上。其中报道频率最高的是 4D 染色体。控制盐胁迫下苗高、主根长、茎鲜重、根鲜重、茎干重和根干重的 61 个 QTL，分布在小麦的 1B、2A、2D、3A、3B、3D、4B、4D、5A、5B、6A.6B、6D、7A、7B 和 7D 染色体上，其中 15 个 QTL 遗传贡献率较大（超过 10%），单个 QTL 可解释表型变异的 10.33%～36.06%。王彩香（2007）通过筛选小麦品种"旱选 10 号"幼苗水分胁迫诱导表达的 cDNA 文库,获得抗旱相关候选基因 EST,并克隆了小麦 *ABC1* 基因。*TABCIL* 基因对盐、低温、渗透胁迫和 ABA 处理均表现为上调表达,基于 SNP 分析所开发的 CAPS 标记和 AS–PCR 标记,将该基因定位于小麦的第 3 同源染色体群。

武玉清等将耐盐性达一级的品种"德抗 961"(DK961)与高产品种"太空 6 号"(TK6)进行杂交,以杂交获得的 186 个 F_2 单株、160 个 $F_{2:3}$ 家系为试验材料,采用单一标记法在 5A、5B、5D、3B 和 4D 上检测到抗旱性显著或极显著位点。小麦的抗旱、抗盐与光合作用、水分蒸腾、水分利用效率等生理现象密切相关,控制抗旱相关性状的 QTL 之间存在互作,单独的一个 QTL 对小麦的抗旱性贡献是有限的,加之小麦是一个异源六倍体作物,染色体的同源性及多倍性加大了研究工作的难度,成为限制小麦抗旱分子标记和基因定位的主要障碍。

参考文献

［1］蔡士宾，任丽娟，颜伟，等．小麦抗纹枯病种质创新及 QTL 定位的初
步研究［J］.中国农业科学，2006，39（5）：928-934.

［2］曹霞，王亮，冯毅，等．新疆小麦品种春化和光周期主要基因的组成
分析［J］.麦类作物学报，2010，30（4）：601-606.

［3］陈新民，张艳，夏先春，等．高分子量麦谷蛋白亚基分子标记在小麦
品种改良中的应用［J］.麦类作物学报，2012，05:960-966.

［4］董建力，张增艳，王敬东，等．3 种小麦抗白粉病基聚合体的 STS 和
SCAR 标记［J］.西北农业学报，2007，16（3）：64-67.

［5］高凤梅，邵立刚，王岩，等．黑龙江省春小麦主要品质性状和慢锈抗
病基因的分子标记检测［J］.麦类作物学报，2013，02:243-248.

［6］韩利明，杨芳萍，夏先春，等．株高、粒重及抗病相关基因在不同国家
小麦品种中的分布［J］.麦类作物学报，2011，31（5）：824-831.

［7］何中虎，兰彩霞，陈新民，等．小麦条锈病和白粉病成株抗性研究进
展与展望［J］.中国农业科学，2011，11:2193-2215.

［8］胡凤灵，何中虎，葛建贵，等．小麦品种黄色素含量和多酚氧化酶活
性基因的分子标记检测［J］.麦类作物学报，2011，01:47-53.

［9］胡云，徐如宏，程剑平．野生二粒小麦高分子量谷蛋白亚基组成的研
究［J］.安徽农业科学，2008，01:83-85.

［10］黄琼瑞．小麦春化及光周期基因分子检测［D］.合肥：安徽农业大
学，2010.

［11］鞠丽萍，张帆，蒋雷，等. 小麦 *TaFer-Al* 基因抗旱相关分子标记的
　　　开发［J］. 麦类作物学报，2013，33（5）：901-906.

［12］郎淑平，王海燕，胥红研，等. 小麦抗赤霉病、优质高分子量麦谷
　　　蛋白亚基聚合体的分子标记辅助选育［J］. 麦类作物学报，2008，
　　　28（3）：415-418.

［13］黎裕，王建康，邱丽娟，等. 中国作物分子育种现状与发展前景
　　　［J］. 作物学报，2010，36（9）：1425-1430.

［14］李式昭，伍玲，郑建敏，等. 优质面条商品小麦澳白麦相关品质基
　　　因的分子标记鉴定［J］. 中国农业科学，2012，18:3677-3687.

［15］慕美财，刘勇，郭小丽，等. 山东小麦品种中矮秆 *Rht-Blb* 和 *Rht-Dlb*
　　　基因分布的分子鉴定［J］. 分子植物育种，2005，3（4）：473-478.

［16］邵映田，朱立煌. 小麦抗条锈病基因 *Yr10* 的 AFLP 标记［J］. 科学
　　　通报，2001，46（8）：669-672.

［17］孙学永，马传喜，司红起，等. 中国小麦微核心种质低分子量麦谷蛋
　　　白 Glu-A3 位点等位基因的 PCR 检测［J］. 分子植物育种，2006，
　　　04:477-482.

［18］唐娜，李博，闵红，等. 分子标记检测矮秆基因 *Rht-Blb*、*Rht-Dlb*
　　　和 *Rht8* 在我国小麦中的分布［J］. 中国农业大学学报，2012，17
　　　（4）：21-26.

［19］王彩香. 小麦抗旱相关基因 *TaABCIL* 的克隆，表达分析及 SNP 标记
　　　开发和定位［D］. 太原：山西大学，2007.

［20］王晓伟. 黄淮麦区部分小麦种质资源中矮秆基因的分布及周 88114
　　　矮秆基因的遗传分析［D］. 郑州：河南农业大学，2008.

［21］王心宇，陈佩度，张守忠. 小麦白粉病抗性基因的聚合及其分子标

记辅助选择［J］.遗传学报，2001，28（7）：640-646.

［22］武玉清，刘录祥，郭会君，等. 小麦苗期耐盐相关性状的 QTL 分析
［J］. 核农学报，2007，06:545-549.

［23］薛勇彪，段子渊，种康，等. 面向未来的新一代生物育种技术—分
子模块设计育种［J］. 中国科学院院刊，2013，28（3）308-314.

［24］杨芳萍，韩利明，阎俊，等. 春化和光周期基因等位变异在 23 个国家
小麦品种中的分布［J］. 作物学报，2011，37（11）：1917-1925.

［25］杨芳萍. 中国小麦品种光周期和品质基因分子鉴定［D］. 兰州：甘
肃农业大学，2008.

［26］杨文雄，杨芳萍，梁丹，等. 中国小麦育成品种和农家种中慢锈基因
Lr34/Yr18 的分子检测［J］. 作物学报，2008，34（7）：1109-1113.

［27］杨燕，张春利，陈新民，等. 红粒春小麦穗发芽抗性鉴定及相关分
子标记的有效性验证［J］.麦类作物学报，2011，31（1）：54-59.

［28］袁建霞，董瑜，张博，等. 作物分子标记辅助育种发展态势分析
［J］.科学观察，2012，2：1-37.

［29］张晶，王山荭，吴锁伟，等. 黄淮冬麦区小麦冬、春性改良及分子标
记辅助选择技术初探［J］. 作物学报，2010，36（3）：385-390.

［30］张勇，申小勇，张文祥，等. 高分子量谷蛋白 5+10 亚基和 1B/1R
易位分子标记辅助选择在小麦品质育种中的应用［J］.作物学报，
2012，10:1743-1751.

［31］方宣钧.表型组学［J］.分子植物育种，2009，3：426

［32］Knapp J S. Marker-assisted selection as a strategy for increasing the
probability of selecting superior genotypes［J］. Crop Science，1998，
38：1164-1174.

［33］Land R， Thompsom R.Efficiency of marker–assisted selection in the improvement of quantitative traits ［J］. Genetics， 1990， 124: 743–756.

［34］Li Y B， Xing Y Z， Jiang Y H， et al.Natural variation in GSS plays an important rolr in regulating grain size and yield in rice ［J］.Nature Genetics， 2011， 43(12):1266–1269.

［35］Liu Y， He Z， Appels R， et a1. Functional markers in wheat: current status and future prospects ［J］. Theoretical and Applied Genetics， 2012， 125(1): 1–10.

［36］Ma H Q， Kong Z X， Fu B S， et al. Identification and mapping of new pewdery resistence gene on chromosome 6D of common wheat ［J］. Theoretical and Applied Genetics， 2011， 123:1099–1106.

［37］Ribaut J–M， Hoisington D. Marker–assisted selection: new tools and strategies ［J］. Trends in Plant Science， 1998， 3: 236–239.

［38］Stuber CW. Breeding multigenic traits. In: Philips RL， Vasil IK (eds) DNA–based markers in plants ［J］. Kluwer， Dordrecht， 1994， pp:58–96.

［39］Su Z Q， Hao CY， Wang LF et al.Identification and development of a functional maker of TaGw2 associated with grain weight in bread wheat (Triticum aestivum L.) ［J］.Theoretical and Applied Genetics， 2011， 122: 211–223.

［40］Tanksley SD， McCouch SR. Seed banks and molecular maps: unlocking genetic potential from the wild ［J］. Science， 1997， 277: 1063–1066.

［41］Varshney R K， Rrassed M， Roy JK， Kumar N H S et al. Identification of eight chromosomes and a microstallitate maker on IAS associated with QTL for grain wheat in bread wheat ［J］. Theoretical and Applied Genetics， 2000， 100: 1290–1294.

参考文献